杭州城区古树名木

ANCIENT AND FAMOUS TREES IN HANGZHOU URBAN AREA

杭州园林绿化系列丛书

高小辉 主编

中国林业出版社
China Forestry Publishing House

图书在版编目（CIP）数据

杭州城区古树名木 / 高小辉主编. -- 北京：中国林业出版社，2023.12

ISBN 978-7-5219-2403-9

Ⅰ.①杭… Ⅱ.①高… Ⅲ.①树木-介绍-杭州 Ⅳ.①S717.255.1

中国国家版本馆CIP数据核字（2023）第203861号

策划编辑：贾麦娥
责任编辑：贾麦娥
装帧设计：刘临川

出版发行：中国林业出版社
　　　　　（100009，北京市西城区刘海胡同7号，电话83143562）
电子邮箱：cfphzbs@163.com
网　址：www.forestry.gov.cn/lycb.html
印　刷：北京博海升彩色印刷有限公司
版　次：2023年12月第1版
印　次：2023年12月第1次
开　本：889mm×1194mm　1/16
印　张：18
字　数：461千字
定　价：208.00元

《杭州城区古树名木》编委会

主　　　编：高小辉
副　主　编：唐宇力　吴海霞　章银柯
编　　　委：程二苹　赵　艳　钱　桦　樊丽娟　黄飞燕　张海珍
　　　　　　王益坚　陈金友　沈卓恒　赵　鹏　孔　源　张文新
　　　　　　王建武　倪国锋　郑志峰　陆建荣　徐　春　柴生标
　　　　　　方朝晖　倪国芳

执 行 主 编：吴海霞
执行副主编：章银柯　钱　桦　于　炜　范丽琨
编 写 人 员：（按姓氏笔画排序）
　　　　　　于燕燕　马骏驰　王　俊　毛志良　方伟红　叶　波
　　　　　　叶丽英　全璨璨　孙　诚　严劲松　杜亮亮　杨　华
　　　　　　杨雪丹　吴宏强　吴锡祥　沈　笑　沈蕾鸣　张　旭
　　　　　　张　璐　张圣东　陈　君　陈　亮　陈　逸　陈　锵
　　　　　　周　虹　郑建钢　胡孟娴　钟春霞　俞青青　洪　亮
　　　　　　袁彰欣　顾寅钢　徐　颖　唐吉娜　龚稷萍　崔　寅
　　　　　　章　红　章　荣　梁　栋　梁亚华　虞王涛　詹伟荣
　　　　　　满启信　潘坚英

序言 FOREWORD

古树是大自然赐给人类的珍贵财富，是浩渺的苍穹和茫茫大地精心雕琢的艺术品，是人类和自然相融相生的结晶。古树也是一座深邃的基因库，它是活的文物，蕴藏着不为人知的密码。它还是乡愁，牵动着远方游子的心。古树的科学价值、文化价值、历史价值、美学价值和社会价值具有不可替代性。

到了迟暮之年，我对古树从偏爱到迷恋。最近几年，我以老迈之躯，足迹先后涉及贵州、云南、陕西、河南、山西、山东诸省，访古寺，走乡野，爬山崖，怀着深深敬畏之心，拜谒了一株株树龄在3000年以上的古树，以及相传由老子、孔子、扁鹊、李世民、王维等手植银杏，尽管经过了数千年大自然的雷电、风雪、地震、火灾等严酷的自然灾害，满身伤痕累累，但它们仍然虬枝苍道、伟岸雄劲地挺拔于天地间，面对这些古树，我感到巨大的荡涤心灵的震撼，深深感受到大自然的雷钧之力，并在和它们的对话拥抱中，获得能量的交换，启迪人生哲理，正如苏东坡在《赤壁赋》中所写的"渺沧海之一粟，哀吾生之须臾"。

我与古树的情结来自于吴山的古香樟。1962年，我跨出北京林学院（现北京林业大学）的校门，来到西湖，最初的工作中是包含吴山古樟的保护管理，第一次见到这十多株七八百年的古樟树群落，我十分震撼和陶醉，我很想拥抱那些饱经风霜，历经杭州历史风云的老者并与他相伴。不久，我的冥想开始实现，1963年到1966年，我带领中学生及有些单位的职工在吴山实行义务植树活动，从伍公山开始，至云居山、紫阳山、贺家山的1000多亩山地上，其种植了三四千株4~5年生的香樟。至今60年过去了，这些香樟树已蔚然成林，郁郁葱葱，我想再过40年，我去"酒（九）泉"出差了，而我亲手栽植的几千株香樟都将成为百年古树了，它们将替我伴着那些阅尽沧桑的古樟，使众多的游客在古樟林中尽享大自然带来的清新舒畅和惬意闲情。这是60多年来一直令我欣慰的事。

现在，我非常欣喜地看到由小辉局长亲自主编的《杭州城区古树名木》一书的样稿，本书的一大特点是对杭州60多年古树名木的保护工作，作了系统、全面的回顾总结，特别是对古树保护和复壮技术有详尽的介绍。同时，对古树名木的资源分布、形态特征、生长习性、应用价值作了条分理析的阐述。我翻阅过全国同类型的100多种古树名木的书籍，像本书这样的以文带图，图文并茂的情况较为少见，因此，我为之点赞，并感谢小辉主编及其编委付出的辛勤劳动。我相信，在新中国成立100周年的时候，杭州将有数十万株古树绿荫围护在杭州，簇拥着更加美丽、更加让人心旷神怡的西湖，到那时，我相信本书的大多数作者，尚能橡笔疾书，留下更多恢弘华美的篇章。

施奠东

癸卯冬月八十五叟

前言 PREFACE

古树是指树龄在100年以上（含100年）的树木；名木是指珍贵、稀有，或具有重要历史价值和纪念意义，或具有重要科研价值的树木。根据全国绿化委员会有关规定，古树保护分为三级，一级古树树龄在500年以上（含500年），二级古树树龄在300~499年之间，三级古树树龄在100~299年之间。名木不受年龄限制，不分级，参照一级古树进行保护。

古树名木是极其珍贵的历史文化遗产，其有关传说和逸闻都深深地打着历史烙印，反映了时代文化的遗迹；古树名木是优良的植物种质资源，虽历经沧桑，仍巍然傲立；古树名木是重要的遗传基因资源，为科研和生产服务；古树名木是独具特色的天然旅游资源，古朴优雅，姿态万千，令人赏心悦目，能极大地丰富城市园林植物景观。

古树名木被誉为活的文物，对优化城市自然环境，丰富城市人文景观都具有重要作用。保护古树名木，如同保存一部自然与社会发展的史书和珍贵古老的历史文物，保护一座优良的种质基因库和一种自然人文景观，保护人类赖以生存的生态环境和自然遗产。加强对古树名木的保护管理，是历史赋予我们的神圣责任，是社会发展进步的重要标志，也是城市高度文明的重要体现。

闻道三株树，峥嵘古至今。杭州有着丰富的古树名木资源，一枝一叶都是故事，承载着厚重的历史和文脉，绘就了生态文明之都的绿色图景。杭州地处我国华东地区、浙江省北部、钱塘江下游，介于北纬29°11′~30°34′，东经118°20′~120°37′之间，属亚热带季风气候，四季分明，雨量充沛，区域内古树名木数量众多，遍布全市。根据2022年调查数据显示，全市共有古树名木约2.9万株，而分布于城区范围内的古树名木共有1242株，包括一级古树88株，二级古树120株，三级古树1029株，名木5株。从树种分布角度看，杭州城区古树名木共涉及植物76种，以香樟数量最多，有645株；枫香次之，有81株；银杏第三，有72株。从城区分布来看，西湖景区最多，有879株；拱墅区次之，有93株；上城区第三，有79株。为此，保护好杭州城区的古树名木资源，对于深入推进杭州城市园林绿化事业高质量发展，不断巩固杭州国家生态园林城市的丰硕成果，具有重要而深远的意义。

一直以来，杭州市园林文物局高度重视古树名木保护工作，从资源普查、制度优化、科学研究、组织保障等方面都采取了有效措施，使得古树名木保护工作卓有成效。自中华人民共和国成立以来，杭州市园林文物局先后开展过七次大型的古树名木资源调查工作，有效评估了古树名木生存状况，及时采取了保护措施，有力推动了古树名木保护工作的深入开展。特别是近年来，杭州修订出台了《杭州市城市绿化管理条例》及其实施细则，审议通过了《杭州市人民代表大会常务委员会关于加强古树名木保护工作的决定》。2023年11月28日，《杭州市城市古树名木保护管理办法》经市政府常务会议审议通过，以杭州市人民政府令第346号公布，自2024年2月1日起施行。针对古树名木积极采取措施，制定保护计划，完善管理机制，形成了"政府主导、部门联动、社会各界齐抓共管"的古树名木保护机制，古树名木保护工作取得显著成绩。定期组织开展古树名木健康状况评估、养护质量巡查、科学技术攻关、规章制度优化、数智管理赋能等一系列工作，编制完成了古树名木保护复壮地方标准，出台实施了《杭州市城市古树名木日常养护管理技术导则（试行）》，建成运行了杭州城区古树名木智慧化管理应用场景，成功发起了长三角古树名木保护论坛，正式发布了杭州首批古树名木CityWalk线路图，深入开展了古树名木保护复壮工程、古树名木文化公园建设、古树名木认养守护活动、古树名木主题展等系列活动，实现了古树名木共同守护，打造了全新的绿色生态名片。古树名木产学研用团队成功迈入国家级科技创新团队行列，研究实力显著增强，成为了助推浙江乃至长三角古树名木保护事业繁荣发展的一支有生力量。

正是基于此，为进一步认真贯彻落实习近平总书记关于古树名木保护的重要指示精神，系统总结杭州城区古树名木保护工作的多年经验，全面梳理古树名木背后的文化故事，努力擎画杭州城区古树名木保护的未来蓝图，自2022年以来，杭州市园林文物局组织了一批长期从事古树名木保护工作的专家学者、管理骨干，开展了本书的编撰工作，书中详细介绍了杭州城区古树名木资源状况、数字化管理应用场景、保护复壮工作实践和优秀保护复壮案例，对分布在杭州城区范围内的具有文化内涵的古树名木进行了逐一介绍，形成了杭州城区古树名木名录，最后还对国家、省、市近年来出台的古树名木相关法律法规和制度规范进行了系统整理。通过本书的编撰，希望全面展示杭州城区古树名木保护工作的最新进展和点滴经验，呼吁全社会共同保护这些"活文物"、"活化石"，牢固树立古树名木保护意识，让古树名木生长得更加枝繁叶茂、生机勃勃，为人类留下更多美景、更多故事，实现人与自然和谐相处的美好愿景。在成书付梓之际，有幸邀请到德高望重的杭州市园林文物局原局长、国家住房和城乡建设部风景园林资深专家施奠东先生为本书作序，实乃吾辈之幸，为本书增色不少，特此致谢。由于作者学力所限，虽经多方努力，但不当甚至错误之处在所难免，敬请读者和专家不吝赐教、批评指正！

农历癸卯年岁末于杭州钱塘江之畔

目录 CONTENTS

序言		005
前言		007
第一章	杭州城市绿化高质量发展	012
	一、杭州城市绿化发展概况……014 二、杭州城市绿化建设成效……014	
第二章	杭州城区古树名木生态资源	018

    一、概述……………………020 四、特征……………………024
    二、种类……………………022 五、保护……………………025
    三、分布……………………024

第三章　古树名木数字化保护……………………028

    一、设计思路………………030 四、数据库设计……………031
    二、开发环境………………030 五、系统功能………………031
    三、系统框架………………030

第四章　古树名木保护之路……………………036

    一、古树名木衰弱原因分析………038 5 紫金观巷古银杏……………054
    二、保护复壮技术探索……………040 6 青龙苑古樟树………………056
    三、杭州城区古树名木保护复壮案例……043 7 朝晖路古樟树………………058
    1 吴山古樟树…………………043 8 木庵小区古樟树……………060
    2 云栖竹径古苦槠……………046 9 临平区委党校古樟树………062
    3 灵隐景区古银杏……………049 10 苕溪北路古银杏……………065
    4 鲍家渡古樟树………………052

第五章　古树名木的历史与乡愁……………………068

    一、樟树…………………070 1 三方庙古樟树………………071

2 昭庆寺古樟树	072	十三、麻栎	118
3 市二医院古樟树	073	十四、罗汉松	120
4 浙二医院古樟树	074	灵隐寺古罗汉松	120
5 人民路江寺路口古樟树	075	十五、槐树	122
6 玛瑙寺古樟树	076	十六、枫杨	124
7 陈云手植樟树	077	十七、三角槭	127
8 法相寺唐樟	078	十八、蜡梅	129
9 虎跑古樟树	079	1 灵峰探梅七星古梅	130
10 杭州植物园古樟树	080	2 胡公庙宋梅	131
11 鹳山公园古樟树	081	十九、苏铁	132
12 新安江毕家后村古樟树	082	二十、雪松	133
13 吴山古樟树	083	二十一、马尾松	134
14 孔庙古樟树	086	二十二、长叶松	136
二、枫香	087	二十三、日本五针松	138
飞来峰古枫香	088	二十四、黑松	140
三、银杏	090	二十五、日本柳杉	141
1 五云山古银杏	091	二十六、北美红杉	142
2 莒溪银杏古树群	094	杭州植物园北美红杉	142
四、二球悬铃木	095	二十七、圆柏	144
五、珊瑚朴	099	二十八、龙柏	147
六、苦槠	101	吴山景区古龙柏	148
梅家坞古苦槠	103	二十九、竹柏	149
七、朴树	104	三十、响叶杨	150
柳浪闻莺古朴树	106	三十一、南川柳	152
八、木樨	107	三十二、锥栗	154
九、广玉兰	110	三十三、青冈栎	155
蒋庄古广玉兰	110	三十四、白栎	157
十、浙江楠	112	三十五、杭州榆	159
十一、糙叶树	114	三十六、榔榆	160
十二、黄连木	116	三十七、红果榆	162
灵隐寺古黄连木	117	三十八、榉树	164

三十九、玉兰 …… 166	五十九、重阳木 …… 200
四十、浙江樟 …… 168	六十、乌桕 …… 202
四十一、豹皮樟 …… 170	六十一、鸡爪槭 …… 204
四十二、薄叶润楠 …… 171	六十二、羽毛枫 …… 205
四十三、刨花楠 …… 172	六十三、无患子 …… 206
四十四、红楠 …… 174	六十四、七叶树 …… 208
四十五、紫楠 …… 175	灵隐寺古七叶树 …… 210
四十六、檫木 …… 177	六十五、枸骨 …… 212
四十七、浙江红山茶 …… 178	六十六、大叶冬青 …… 214
四十八、美人茶 …… 179	六十七、白杜 …… 215
四十九、木荷 …… 180	六十八、梧桐 …… 216
五十、蚊母树 …… 182	六十九、佘山羊奶子 …… 217
五十一、檵木 …… 184	七十、紫薇 …… 220
五十二、木香 …… 186	刘庄古紫薇 …… 220
五十三、黄檀 …… 188	七十一、石榴 …… 222
五十四、皂荚 …… 189	七十二、浙江柿 …… 224
葛岭古皂荚 …… 190	七十三、白蜡树 …… 226
五十五、常春油麻藤 …… 191	七十四、女贞 …… 228
吴山古常春油麻藤 …… 194	七十五、粗糠树 …… 230
五十六、刺槐 …… 195	七十六、楸树 …… 232
五十七、龙爪槐 …… 196	伍公庙古楸树 …… 233
五十八、紫藤 …… 198	七十七、安隐寺古树群 …… 235
北山街镜湖厅古紫藤 …… 198	七十八、云栖竹径古树群 …… 237

附录一　杭州城区古树名木信息一览表 …… 241

附录二　相关政策、法规 …… 271

　　城市古树名木保护管理办法 …… 271

　　浙江省古树名木保护办法 …… 273

　　杭州市人民代表大会常务委员会关于加强古树名木保护工作的决定 …… 276

　　杭州市城市古树名木保护管理办法 …… 278

　　杭州市城市古树名木日常养护管理技术导则（试行） …… 282

参考文献 …… 287

第一章
杭州城市绿化高质量发展

　　杭州有着"山水登临之美，人物邑居之繁"的美誉，一直在积极推动新时代城市园林绿化的发展。城市扩绿有序推进，公园体系逐步完善，绿道网络提质增量，古树名木保护持续开展。积极参加国内外园林展览活动，参与长三角城市园林绿化协作，彰显"杭州园林"城市品牌；举办各类花展花事活动，极大地提升市民群众的幸福感和获得感。为建设人与自然和谐相处、共生共荣的宜居城市不断努力。

杨公堤郭庄门口的古樟树，树龄300年（江志清 摄）

一、杭州城市绿化发展概况

杭州外揽山水之幽，内得人文之胜，是著名的历史文化名城和生态文明之都。杭州历来十分重视城市园林绿化建设与管理，突出古树名木保护在提升城市生态效益、展现城市历史文化风貌等方面的重要性，不断推进杭州园林绿化事业高质量发展。

近年来，杭州将城市扩绿、提质、增效作为厚植生态文明之都特色优势的重要抓手，持续推进城市绿地面积增长，自2020年以来，共计完成扩绿面积超29km²；加快建设全民共建共享的高质量城市生态绿色空间，建成白马湖公园、沿江景观公园、东湖公园等4000m²以上的公园绿地超300处；积极开展"公园城市"创新实践，打造类型多样、特色鲜明、普惠性强的"郊野公园-城市公园-社区公园-游园"四级公园网络体系；以"建设数智化"、"打造精品化"和"服务贴心化"理念推进全域绿道网络建设，打造杭城"亲山近水、人文共美"的幸福之道，截至2022年年底，全市累计建成绿道共约4600km。与此同时，积极有序推进古树名木保护，实现智慧化精细化绿地管养，不断举办杭州园林品牌特色活动，以营造更加健康、舒适、具有人文气息的城市绿色空间，持续擦亮杭州生态文明之都金名片。

二、杭州城市绿化建设成效

1. 注重城市绿化规划引领

杭州十分注重城市园林绿化规划的引领作用，陆续开展了《杭州市绿地系统专项规划（2021—2035年）》、《杭州市公园体系建设规划》、《杭州市林荫道系统专项规划》、《杭州市绕城生态廊道专项规划》、《钱塘江两岸园林绿化风貌建设导则》、《杭州市"迎亚运"园林绿化行动计划（2020—2022）》等规划编制与研究，其中《杭州市绿地系统专项规划（2021—2035年）》已获得市政府正式批复，为全市园林绿化全域化规划建设管理提供了系统的理论支撑。

2. 聚焦城市绿化建设养管

杭州持续加大城市综合公园的建设力度，已建成桃花湖公园、北景园生态公园、丰收湖公园等，逐步补齐城市综合公园不足的短板。强化口袋公园、街心花园、小微绿地建设，着力塑造功能复合、景观优美、绿色生态、便捷可达的城市公共绿地，并结合对大型生态廊道的系统性构建，打造"公园城市江南典范"。已持续开展25年城市"最佳"、"最差"绿地系列评比，以严格的考核评比和奖惩问责机制，提升杭州园林绿化养护品质。推动杭州市园林高新科技开发研究，加大园林绿化科技创新力度，推广和制定各项行业标准，提升园林绿化工程质量和科技含量，各类精品项目屡获国家、省级优秀园林工程奖或科学技术奖。提升绿地的韧性功能，完善防灾避险绿地设施体系，加强城市湿地保护，开展病虫害生物防治等新技术培训和应用，全面推进城市绿地养管的高质量发展。

3. 彰显"杭州园林"绿色品牌

作为国内首个获得"国家生态园林城市"殊荣的副省级城市，近年来，"杭州园林"一直在着力塑造美好人居环境的征途上奋勇前行，并不断提升国内外影响力。积极选送作品参加国际国内花事花展活动，在世界园艺博览会、香港国际花卉展览、中国国际园林博览会等大型展会中屡获殊荣。踊跃参与长三角城市园林绿化协作,担任"长三角城市生态园林协作联席会议"副主任委员单位,举办了长三角古树名木保护论坛、长三角菊花精品展等大型会议或展览,参与编制中国风景园林学会团体标准《长三角区域海绵城市绿地建设技术标准》,充分发挥"杭州园林"在长三角一体化建设中的重要作用。

杭州每年举办各类主题花展超20场,如西溪花朝节、千桃园桃花节、郭庄兰花展、植物园系列花展等,为人民生活增添幸福美好的视觉体验。围绕重大城市活动和重要节庆,开展全域立体花坛、自然花境、环境小品、主题花园等花艺环境布置和创

作竞赛评比等活动,充分展现杭州精致秀美的城市风景。

同时,杭州持之以恒开展全民义务植树、植树节"书香换花香"、认建认养、云赏花等科普惠民活动;邀请广大市民参与"最美紫薇"、"最美秋色叶"和"民间园长"评选工作;打造"社区植藤节"、"古树名木守护计划"等主题活动,营造全社会共同参与城市园林绿化建设、人与自然和谐共生的良好氛围。

4. 打造智慧园林管理平台

杭州以数字化改革为契机,聚焦深化园林绿化数字化改革和园林精细化管理要求,构建城市园林绿化智慧化管理体系,建设"智慧园林"综合管理平台,提升"园林智治"能力,提高园林绿化精细化和科学化管理水平,实现对各类绿地从初始规划,再到建设管理,直至长效养护的全生命周期管理。其中"园林数字化管理"和"绿色家园智慧服务"应用场景列入浙江省住房和城乡建设系统数字化应用场景第一批试点项目。

5. 推进古树名木有序保护

杭州的古树名木数量众多，全市共计约2.9万株，种类丰富，分布广泛，是杭州生态文明和历史文化的象征。杭州高度重视古树名木的保护工作，2022年8月31日杭州市人大常委会通过《杭州市人民代表大会常务委员会关于加强古树名木保护工作的决定》；2023年11月28日，《杭州市城市古树名木保护管理办法》经市政府常务会议审议通过，以杭州市人民政府令第346号公布，自2024年2月1日起施行。近年来，杭州市园林文物局坚持"全面保护、科学养护、依法管理、促进健康"方针，出台《杭州市城市古树名木日常养护管理技术导则（试行）》，指导属地落实"一树一策"保护方案，持续多年开展古树名木保护复壮工程，基本形成了"政府主导、部门联动、社会各界齐抓共管"的古树名木保护机制；同时，积极对古树名木开展全面普查，实现古树名木基本信息、位置分布、生长状态、养护情况等"一张图"管理，确保城区古树名木"树树有档案、棵棵有人管"。

6. 绘就亚运之城优美画卷

2023年，杭州以"清新自然、赏心悦目、文绿融合、满城飘香"为标准，向世界完美呈现"花满杭城 香飘亚运"的亚运之城绿色画卷。编制《杭州迎亚运"花满杭城 香飘亚运"规划指引》，引领开展全市园林绿化整体风貌提升。完成形式丰富、主题鲜明的迎亚运绿化彩化项目390余处，打造江南园林城市精致靓丽的独特风景线。制定特色植物月季、荷花、桂花、紫薇、红枫花期（观赏期）调控技术方案，组织专家技术团队定期赴重点线路和节点进行巡查指导和现场培训，通过对花期（观赏期）调控的全周期管理，实现了亚运期间全市桂花满城飘香，西湖荷花优美绽放，重要节点红枫红叶绚烂、紫薇繁花似锦，500km高架月季"空中花廊"绚丽飞舞的彩化效果。特别打造"亚洲花卉主题园"作为经典亚运景观遗产，以"花"讲好亚洲文化故事，以"园"促进绿地开放共享。通过塑造全新的城市绿化景观形态，展现了"杭州园林"建设的综合实力，展示了新时代美丽杭州建设取得的巨大成就。

第二章
杭州城区古树名木生态资源

杭州市古树名木数量众多，遍布全域，这些古树既是世界遗产的重要组成部分，又是城市绿化的厚重生态资源，也是杭州悠久历史的鲜活见证，成为园林科研和游览观赏的特色元素。杭州古树名木繁多，与周围的溪、泉、池、涧、洞、壑、峰、岩以及古建筑交相辉映，既是优美风景的重要组成，也是杭州古迹的见证，形成了杭城内独特的"活文物"风景。

五云山古银杏,杭州最年长的古树,树龄1410年

一、概述

古树名木保护，既是落实绿水青山就是金山银山的发展理念，是生态文明建设不可或缺的环节，也是对历史文化的积极传承。2019年全国人大常委会修订《中华人民共和国森林法》，将保护古树名木作为专门条款，成为国家依法保护古树名木的里程碑。古树是指树龄在100年以上（含100年）的树木。名木是指珍贵、稀有，或具有重要历史价值和纪念意义，或具有重要科研价值的树木。全国绿化委员会将古树分为三级：一级古树树龄在500年以上（含500年），二级古树树龄在300~499年之间，三级古树树龄在100~299年之间，本文采用全国绿化委员会的古树保护等级划分规定，名木不受年龄限制，不分级。

杭州市古树名木数量众多，遍布全市，这些古树既是城市绿化的组成部分，也是杭州悠久历史的活的见证，成为园林科研和游览观赏的重要资源。杭州古树名木繁多，与周围的溪、泉、池、涧、洞、壑、峰、岩以及古建筑交相辉映，既是优美风景的重要组成，也是杭州古迹的见证，形成了杭城内独特的"活文物"风景。

古树经过千百年自然环境和政治社会的变迁，至今仍生机盎然，是千百年沧桑历史的见证者，对探索自然地理环境变迁、植物区系发生和发展规律、研究人类历史文化均具有重要意义。很多古树与历史事迹和历史人物相关联，甚至还渲染着各种美妙的传说故事，赋予人们以丰富的文化内涵，如不加爱惜，让其自生自灭，任意破坏，将会产生不可挽回的重大损失。基于对杭城古树的守护意识，从1962年起至2022年，杭州市园林文物局（原杭州市园林管理局）开展过多次杭州城区范围内古树名木调查。

第一次：1962年，共调查古树名木126号，隶属36科92种，按经济用途分类编排：淀粉16种，油脂24种，纤维4种，药用21种，香料6种，特种用途5种，用材53种，观赏34种（综合利用中的有重复计算）。

第二次：1973年，这次调查还包括了速生树种，共得编号185号，隶属56科117属183种，其中古树114种，名木50种，速生树种19种，与1962年比较，其中有30种已丧失，并增加89种。

第三次：1979年，这次调查是在1973年调查基础上进行复查和补充，按600年以上（1类），300年至599年（2类）和300年以下（3类）分成三类，其中1类30株，2类31株，3类47株，共108株，同时还制订了杭州市古树保护管理试行条例，上报杭州市政府立案，同时设立标志牌，办理古树保护管理委托手续等工作。

第四次：根据国家城乡建设总局绿化会议决定，将古树分为一、二级进行普查的要求，以300年以上属一级保护，100年至300年的属二级保护的精神，第四次由杭州市园林文物管理局园林管理科主持，从1982年起进行调查。本次古树名木调查分两个阶段进行：第一步由杭州市园林文物管理局基层单位普查，于1983年年底完成；第二步由局园林管理科组织人员进行复查，于1984年7月下旬开始，至1985年3月底完成。这次调查内容有树龄、所在地、立地环境、保护范围、树木形态记载、树木生态现状（包括树高、胸围、基围、病虫害情况、土壤结构、树木有否受污染等及树木本身生长势）、保护意见、古树位置示意图及彩色照片等。通过复查，共查出古树876株，归纳为38科65属87种（或变种），其中300年以上一级保护古树有246株，100年至300年二级保护古树有623株，名木7株。主要树种以香樟、枫香、银杏、珊瑚朴为多，计有558株，占总数的63.7%。

上述四次古树名木的调查范围各不相同，前三次涉及余杭区的超山等地，第四次调查仅在城区、西湖风景名胜区和灵山洞景区，由于时间及体制的限制，还有西湖区几个乡没有调查。

第五次：1998年，对杭州西湖风景名胜区进行了系统普查，共调查古树名木786株，一级（树龄300年以上）为181株，二级（树龄100年至300年）为510株，100年以下名木7株。分属为36科56属78种（包括变种），主要以香樟、银杏、广玉兰、珊瑚朴、沙朴、女贞、枫香为主。为加强古树名木的保护，这次调查对全部古树名木拍摄了照片，建立档案，在现场设立了石质标志牌，标明了树名（含拉丁名）、年龄、管理单位、立牌年月等主要参数。对开放及重要地带的169株古树名木设置了铁质或石质的围护栏，对35株年老根衰或因台风原因而造成倾斜的古树进行了支撑或拉索，并对一些危树采取了复壮、修枝、补洞等措施加以保护。

第六次：2002年至2003年，此次古树调查在1998年古树调查的基础上，采用了GPS全球定位系统，对杭州西湖风景名胜区每株古树名木进行定位，同时利用数码相机对每株古树的不同方位进行了数码摄影，树高采用勃氏测高器进行实测，并将所有的数据录入了电脑软件。

第七次：2017年，再次对杭州西湖风景名胜区开展古树名木普查，共计古树名木841株，其中包括现存的古树646株；名木6株；已死亡的古树名木45株；新增古树名木144株。

从2020年开始，杭州市园林文物局每年都会对杭州市城区古树名木进行复查，主要内容包括：基本情况核查、立地条件、树体外部形态、树体健康程度、已采取的保护措施、树木生长环境评估（含照片）、树木整体健康状况评估（含照片）、历史典故、传说和备注等，并建立古树名木数据库实行数智管理。此外，2021年，为保护古树名木资源，传承历史文化，促进生态文明建设，杭州市园林文物局依据相关法规、规章开展了新增古树名木认定工作，认定并公布新增古树名木129株。

根据2022年的调查，杭州市城区范围内共有古树名木1242株，（基本情况统计见表2-1），其中500年以上（一级）88株，300~499年（二级）120株，100~299年（三级）1029株，名木5株（具体分类统计见表2-2）。

表 2-1　杭州市城区古树名木基本情况统计表

县（市、区）名称	古树名木				
	总计	一级	二级	三级	名木
合计	1242	88	120	1029	5
上城区	79	6	5	68	0
拱墅区	93	1	6	86	0
西湖区	63	3	4	56	0
滨江区	7	2	1	4	0
萧山区	18	0	1	17	0
临平区	47	1	2	44	0
富阳区	10	0	1	9	0
临安区	6	0	0	6	0
建德市	26	0	4	22	0
桐庐县	10	0	1	9	0
淳安县	4	0	2	2	0
西湖风景名胜区	879	75	93	706	5

表2-2 古树名木保护级别分类统计表

分类	数量（株）	比例（%）
一级	88	7.09
二级	120	9.66
三级	1029	82.85
名木	5	0.40

二、种类

杭州市城区范围内古树名木共包括植物种类76种（具体种类见表2-3），其中以樟树数量最多，共计645株；枫香次之，共计81株；再是银杏，共计72株；二球悬铃木、珊瑚朴和苦槠的数量分别为62株、48株和31株，数量在10~30株的古树还有朴树、木樨、广玉兰、浙江楠、黄连木、麻栎、槐树、罗汉松、糙叶树、枫杨、三角槭和蜡梅，其余树种数量皆少于10株。

表2-3 杭州市古树名木树种名录

序号	古树名称	科名	属名	拉丁名
1	樟树	樟科	樟属	*Cinnamomum camphora* (Linn.) Presl
2	枫香	金缕梅科	枫香属	*Liquidambar formosana* Hance
3	银杏	银杏科	银杏属	*Ginkgo biloba* Linn.
4	二球悬铃木	悬铃木科	悬铃木属	*Platanus acerifolia* Willd.
5	珊瑚朴	榆科	朴属	*Celtis julianae* Schneid.
6	苦槠	壳斗科	栲属	*Castanopsis sclerophylla* (Lindl.) Schott.
7	朴树	榆科	朴属	*Celtis sinensis* Pers.
8	木樨	木樨科	木樨属	*Osmanthus fragrans* (Thunb.) Lour.
9	广玉兰	木兰科	木兰属	*Magnolia grandiflora* Linn.
10	浙江楠	樟科	桢楠属	*Phoebe chekiangensis* C. B. Shang
11	糙叶树	榆科	糙叶树属	*Aphananthe aspera* (Thunb.) Planch.
12	黄连木	漆树科	黄连木属	*Pistacia chinensis* Bunge
13	麻栎	壳斗科	栎属	*Quercus acutissima* Carr.
14	罗汉松	罗汉松科	罗汉松属	*Podocarpus macrophyllus* (Thunb.) D.Don
15	槐树	豆科	槐属	*Sophora japonica* (Dum.-Cour.) Linn.
16	枫杨	胡桃科	枫杨属	*Pterocarya stenoptera* C. DC.
17	三角槭	槭树科	槭属	*Acer buergerianum* Miq.
18	蜡梅	蜡梅科	蜡梅属	*Chimonanthus praecox* (Linn.) Link
19	苏铁	苏铁科	苏铁属	*Cycas revoluta* Thunb.
20	雪松	松科	雪松属	*Cedrus deodara* (Roxb.) Loud.
21	马尾松	松科	松属	*Pinus massoniana* Lamb.
22	长叶松	松科	松属	*Pinus palustris* Mill.
23	日本五针松	松科	松属	*Pinus parviflora* Sieb. et Zucc.
24	黑松	松科	松属	*Pinus thunbergiana* Franco
25	日本柳杉	杉科	柳杉属	*Cryptomeria japonica* (L. f.) D. Don
26	北美红杉	杉科	北美红杉属	*Sequoia sempervirens* (Lamb.) Endl.
27	圆柏	柏科	圆柏属	*Sabina chinensis* (Linn.) Ant.
28	龙柏	柏科	圆柏属	*Sabina chinensis* (Linn.) Ant. 'Kaizuca'
29	竹柏	罗汉松科	竹柏属	*Nageia nagi* (Thunb.) O.Kuntze

续表

序号	古树名称	科名	属名	拉丁名
30	响叶杨	杨柳科	杨属	*Populus adenopoda* Maxim.
31	南川柳	杨柳科	柳属	*Salix rosthornii* Seem.
32	锥栗	壳斗科	栗属	*Castanea henryi* (Skan) Rehd. et Wils.
33	青冈栎	壳斗科	青冈属	*Cyclobalanopsis glauca* (Thunb.) Oerst.
34	白栎	壳斗科	栎属	*Quercus fabri* Hance
35	杭州榆	榆科	榆属	*Ulmus changii* Cheng
36	榔榆	榆科	榆属	*Ulmus parvifolia* Jacq.
37	红果榆	榆科	榆属	*Ulmus szechuanica* Fang
38	榉树	榆科	榉属	*Zelkova schneideriana* Hand. -Mazz.
39	玉兰	木兰科	木兰属	*Magnolia denudata* Desr.
40	浙江樟	樟科	樟属	*Cinnamomum chekiangense* Nakai
41	豹皮樟	樟科	木姜子属	*Litsea coreana* Levl. var. *sinensis* (Allen) Yang et P. H. Huang
42	薄叶润楠	樟科	润楠属	*Machilus leptophylla* Hand.-Mazz.
43	刨花楠	樟科	润楠属	*Machilus pauhoi* Kanehira
44	红楠	樟科	润楠属	*Machilus thunbergii* Sieb. et Zucc.
45	紫楠	樟科	楠属	*Phoebe sheareri* (Hemsl.) Gamble
46	檫木	樟科	檫木属	*Sassafras tzumu* (Hemsl.) Hemsl.
47	浙江红山茶	山茶科	山茶属	*Camellia chekiangoleosa* Hu
48	美人茶	山茶科	山茶属	*Camellia uraku* Kitam.
49	木荷	山茶科	木荷属	*Schima superba* Gardn. et Champ.
50	蚊母树	金缕梅科	蚊母树属	*Distylium racemosum* Sieb. et Zucc.
51	檵木	金缕梅科	檵木属	*Loropetalum chinense* (R. Br.) Oliv.
52	木香	蔷薇科	蔷薇属	*Rosa banksiae* Ait.
53	黄檀	豆科	黄檀属	*Dalbergia hupeana* Hance
54	皂荚	豆科	皂荚属	*Gleditsia sinensis* Lam.
55	常春油麻藤	豆科	油麻藤属	*Mucuna sempervirens* (Dum.-Cour.) Hemsl.
56	刺槐	豆科	刺槐属	*Robinia pseudoacacia* Linn.
57	龙爪槐	豆科	槐属	*Sophora japonica* Linn. var. *pendula* Lour.
58	紫藤	豆科	紫藤属	*Wisteria sinensis* (Sims) Sweet
59	重阳木	大戟科	秋枫属	*Bischofia polycarpa* (Levl.) Airy-Shaw
60	乌桕	大戟科	乌桕属	*Sapium sebiferum* (Linn.) Roxb.
61	鸡爪槭	槭树科	槭属	*Acer palmatum* Thunb.
62	羽毛枫	槭树科	槭属	*Acer palmatum* Thunb. 'Dissectum'
63	无患子	无患子科	无患子属	*Sapindus mukorossi* Gaertn.
64	七叶树	七叶树科	七叶树属	*Aesculus chinensis* Bunge
65	枸骨	冬青科	冬青属	*Ilex cornuta* Lindl
66	大叶冬青	冬青科	冬青属	*Ilex latifolia* Thunb.
67	白杜	卫矛科	卫矛属	*Euonymus maackii* Rupr.
68	梧桐	梧桐科	梧桐属	*Firmiana simplex* (L.) F.W. Wight
69	佘山羊奶子	胡颓子科	胡颓子属	*Elaeagnus argyi* Levl.
70	紫薇	千屈菜科	紫薇属	*Lagerstroemia indica* Linn.
71	石榴	石榴科	石榴属	*Punica granatum* Linn.
72	浙江柿	柿科	柿属	*Diospyros glaucifolia* Metc.
73	白蜡树	木樨科	白蜡树属	*Fraxinus chinensis* Roxb.
74	女贞	木樨科	女贞属	*Ligustrum lucidum* Ait.
75	粗糠树	紫草科	厚壳树属	*Ehretia dicksonii* Hance
76	楸树	紫葳科	梓树属	*Catalpa bungei* C. A. Mey.

三、分布

按照行政管理区域分，各城区古树名木分布如下：上城区79株，拱墅区93株，西湖区63株，滨江区7株，萧山区18株，临平区47株，富阳区10株，临安区6株，建德市26株，桐庐县10株，淳安县4株，西湖风景名胜区879株（详见表2-4）。

表2-4 杭州市古树名木分布情况表

古树地区	古树总数（株）	比例（%）
上城区	79	6.36
拱墅区	93	7.49
西湖区	63	5.07
滨江区	7	0.56
萧山区	18	1.45
临平区	47	3.79
富阳区	10	0.81
临安区	6	0.48
建德市	26	2.09
桐庐县	10	0.81
淳安县	4	0.32
西湖风景名胜区	879	70.77

四、特征

1. 树龄结构

杭州市城区范围内古树名木树龄主要集中在100~299年，共1029株，占82.85%，随着树龄的增加，古树的数量呈迅速递减。树龄最大的古树是位于西湖风景名胜区钱江管理处辖区范围内五云山山顶的1株银杏，树龄达1400余年。

2. 树高

杭州市城区范围内古树名木树高在2.8~44.2m。如表2-5所示，主要集中在15.1~20m，共400株，占39.45%，最高的古树是西湖风景名胜区钱江管理处辖区范围内云栖竹径双碑亭的1株枫香，树高达44.2m。

表2-5 杭州市古树名木树高情况一览表

树高（m）	数量（株）	比例（%）
0~5	37	2.98
5.1~10	92	7.41
10.1~15	208	16.75
15.1~20	477	38.41
20.1~25	217	17.47
25.1~30	162	13.04

续表

树高（m）	数量（株）	比例（%）
30.1~35	28	2.25
35.1以上	21	1.69

3. 胸（地）围

杭州市城区范围内古树名木胸（地）围在28~1018cm。如表2-6所示，主要集中在200~299cm，共654株，占52.66%，胸（地）围最大的古树是位于西湖风景名胜区钱江管理处辖区范围内五云山山顶的1株银杏，地围达1018cm。

表2-6 杭州市古树名木胸（地）围情况一览表

胸（地）围（cm）	数量（株）	比例（%）
0~99	26	2.09
100~199	178	14.33
200~299	654	52.66
300~399	275	22.14
400~499	75	6.04
500~599	23	1.85
600以上	11	0.89

4. 平均冠幅

杭州市城区范围内古树名木平均冠幅在1~38m。如表2-7所示，主要集中在10.1~20m，共821株，占66.10%。平均冠幅最大的古树是西湖风景名胜区灵隐管理处辖区范围内玉液幽兰凉亭南侧绿地内的1株红果榆，平均冠幅达38m。

表2-7 杭州市古树名木平均冠幅一览表

平均冠幅（m）	数量（株）	比例（%）
0~5	45	3.62
5.1~10	195	15.70
10.1~15	354	28.50
15.1~20	467	37.60
20.1~25	145	11.68
25.1~30	30	2.42
30.1~35	2	0.16
35.1以上	4	0.32

五、保护

杭州古树名木数量众多，种类丰富。近年来，杭州市坚定贯彻落实习近平生态文明思想和"绿水青山就是金山银山"的重要理念，坚持"全面保护、科学养护、依法管理、促进健康"的方针，先后出台《杭州市城市绿化管理条例》及其实施细则，以及《杭州市人民代表大会常务委员会关于加强古树名木保护工作的决定》、《杭州市城市古树名木保护管理办法》等法律法规，积极采取措施，制定保护计划，完善管理机制，不断推进古树名木保护工作，形成了"政府主导、部门联动、社会各界齐抓共管"的古树名木保护机制，古树名木保护工作取得显著成绩。截至目前，全市共有古树名木约2.9万株，省级古树名木文化公园14个。其中城区范围内共有古树名木1242株，省级古树名木文化公园4个，古树名木已成为杭州自然生态环境和悠久历史文化的象征，传递着杭州的山水城市理念，延续着城市的历史和文脉，承载着人民群众的美好记忆和深厚感情。

九溪村入口的古樟树,树龄500年

第三章
古树名木数字化保护

杭州市古树名木信息系统通过电子地图显示古树名木的空间分布，实现了古树名木的地理信息和自然属性信息的一体化存储、编辑、查询、显示、统计和输出；系统提供的基于古树名木空间和属性信息的多样化查询方式，为古树名木资源的动态管理、监测和养护增添便利。

GIS应用于古树名木保护管理，不仅有利于提高杭州市古树名木管理工作的标准化、规范化、信息化和数字化水平，同时也有利于杭州市各级园林管理部门加大对古树名木的监管和保护，有利于对古树名木资源保护的科学规划。

香格里拉酒店门口的古樟树小群落，树龄310～385年（江志清 摄）

一、设计思路

  古树名木蕴藏着丰富的生态、政治、历史、人文资源，是一座城市、一个地方文明程度的重要标志。杭州的古树名木资源丰富，由于其不可再生性，古树名木的保护显得尤为重要。然而传统的古树名木信息管理存在技术手段落后，覆盖内容不全面，数据的更新、检索、汇总、共享和上报较困难等诸多问题。随着计算机技术的发展，传统的古树名木管理手段与保护模式已无法满足现代化城市发展与管理的需要。为更有效地对城市古树名木进行监管，杭州市园林文物局利用互联网、地理信息系统等技术建立古树名木管理信息平台，及时收集、反映和分析古树名木的健康状态，通过建立智慧化平台等方式，数智赋能，切实加强古树名木保护。

  为实现对杭州市城区古树名木生长情况、立地条件、外部形态和病虫害防治等数据的动态管理，方便相关管护单位对辖区内古树名木现状进行查询、统计、分析，辅助城市园林等职能部门有的放矢地进行决策，设计开发的杭州市古树名木信息管理系统在借鉴同类型系统优秀经验的同时，结合了最新理论、技术发展成果，面向应用目标，进行迭代升级。

  通过对目标用户具体需求分析，对城市古树名木普查、管理、养护的业务流程梳理，设计开发出了功能全面、稳定高效、使用友好的城市古树名木综合信息管理系统，满足各种使用场景。

二、开发环境

  杭州古树名木信息系统建设以实现全市古树名木数据展示、养护管理、监测保护为主，构建基于B/S架构的面向市、区和管养单位的三级管理信息平台。系统部署在政务云环境中，后端采用Linux系统为服务端，数据库采用Postgres存储空间数据，Mysql存储业务数据，采用国产空间地图引擎SuperMap。

  为保证项目可用性、可维护性以及可持续发展的可能，前端选择React+VUE+Node+Less+Webpack的方案，实现前后端分离，从架构上分离解耦，逐渐摆脱前后端在架构上的依赖。后端采用微服务架构进行业务功能的设计与实现。

三、系统框架

  古树名木保护场景应用系统的功能结构主要包括古树名木一张图、古树名木查询、白蚁监测、养护管理、公众服务、系统管理6个子系统模块。古树名木一张图模块主要包含类型统计、科属统计、各区统计、古树体检、古树简介五个方面，以图表的形式展示各类别古树名木的统计数据，便于用户根据统计结果对古树名木信息形成整体统一的把控。古树名木查询模块主要实现对系统数据库中古树名木基本信息进行综合查询与高级检索功能。白蚁监测模块接入白蚁监测系统，当古树名木遭遇蚁害信息时系统自动发出警报，为古树名木白蚁防治工作提供技术支撑。养护管理模块提供养护记录及巡查监督功能，对古树名木养护及复壮的过程进行跟踪记录。公众服务模块提供古树名木介绍及古树名木认建认养功能。系统管理模块主要实现古树名木基础信息管理、用户权限管理和日志管理的功能。

四、数据库设计

杭州市古树名木信息系统数据中心由古树名木数据库和用户数据库组成。根据数据类型又可分为非空间属性数据、空间属性数据和图像数据。

表3-1 杭州市园文局古树名木信息化系统数据库数据分类

数据对象	数据类型	数据内容
古树名木数据	空间属性数据	经纬度坐标值、修正经纬度坐标值
	非空间基础属性数据	古树编号、古树名称、别名、科名、属名、树龄、种植地点、责任单位、监督电话
	非空间动态属性数据	树高、胸围、树冠直径、立地条件、树干情况、新枝生长情况、叶色、叶稠密程度、病害种类、病害等级、防病措施、虫害情况、防虫措施、生长环境、健康状况评估、复壮信息、调查评估人、联系电话等
	图像数据	整株、局部细节和周边环境的照片
用户数据	非空间基础属性数据	用户名、密码、邮箱、用户类型、工作单位、登录信息等

五、系统功能

1. 古树名木查询

古树名木查询模块包含综合查询和高级检索两大功能。

（1）综合查询

综合查询可根据古树名木的责任单位、树种类型、养护单位、分配情况、古树编号、行政区划等信息进行模糊查询，用户只需输入需查询的内容，系统根据内容自动进行判别，查询数据库并返回结果给用户。同时用户可在地图定位查看古树名木位置信息。

（2）高级检索

可对古树信息所涉及的所有信息字段进行多字段任意组合查询，可选择不同的匹配条件进行定制，

古树名木综合查询

古树名木一张图

第三章 古树名木数字化保护

巡查监督

从而实现用户不同需求的查询分析。用户能直观查看古树名木的详细地理位置和总体分布情况，为科学管理和城市规划提供参考信息。

2. 古树名木一张图

古树名木一张图是由类型统计、科属统计、各区统计、古树体检、古树简介5个模块组成。

（1）统计分析

按类型、科属、区划对古树名木进行分类统计，统计结果以图表的形式展示，可在地图定位查看。

（2）古树体检

展示古树名木健康状况评估和生长环境评估信息。用户可查看需了解的不同状态的古树各区分布情况、类型以及科属情况。同时可进一步对古树名木进行定位查看，并了解古树名木的基本信息、立地条件、现状、调查评估。

（3）古树简介

展示古树名木的相关信息，包括古树特征特性、养护作业记录、巡查检测等。

3. 白蚁监测

为加强对古树名木资源的管理和保护，接入白蚁监测系统，当古树名木遭遇蚁害信息时系统自动发出警报，养护人员根据蚁害具体地点信息前往现场进行处理，为古树名木白蚁防治工作提供技术支撑。

4. 养护管理

养护管理模块主要包括养护记录和巡查监督2个功能。

（1）养护记录

在古树管养过程中，责任单位掌握全区古树养护巡查情况，将巡查结果上传至平台，同时可查询对应账号的其他记录。现有信息化平台具备上传单次记录的功能，也会对巡查中发现的异常情况进行即时推送。一般而言，长势良好的按照一级古树每月一次、二级古树每两月一次、三级古树每季度一次；长势有衰弱迹象，或处于周边即将或已经开展建设项目地块的古树需特别设置频次，平台管理员按实际情况确定间隔时间。

用户选择或者输入养护类型、管理部门，查询符合条件的古树名木信息，以列表形式展示查询结果。

（2）巡查监督

构建古树名木养护巡查应用场景，对树木名木进行定期巡查，及时排除影响古树正常生长的隐患。建立智能监测预警机制，实时监测古树名木土壤、空气温湿度等信息，当古树名木出现不良状态时，系统发出预警并提醒养护单位及时处理，制定针对性养护策略与复壮方案，系统能够对古树名木养护及复壮的过程进行跟踪记录。

5. 公众服务

（1）古树名木介绍和认建认养

为推进古树名木保护工作，增强市民参与度，杭州市园林文物局在"绿色家园"小程序上定期更新古树名木介绍和保护的相关内容，让市民群众更容易了解到身边的古树名木，同时，市民可在"绿色家园"的"认建认养"模块对古树名木进行认养守护，提高市民的古树名木保护意识。

（2）古树名木公众共建共享

公众也可以通过杭州市园林文物局开发的"绿眼睛"小程序上报发现的古树名木管养问题，加强依靠公众力量对古树名木进行监管和保护，实现全民参与共建共享。

6. 系统管理

（1）基础信息管理

系统提供了古树名木基本信息、立地条件、外部形态、调查评估、养护记录5类数据的管理。杭州市园林文物局每年会对古树名木基础信息数据进行更新维护，从而辅助管理者全方位快速了解古树名木现状，提供决策支持。

（2）用户权限管理

系统提供角色和用户权限信息维护功能，可以新增、修改、删除、查询权限。系统提供权限申请、管理功能，用户可以通过向管理员发出权限申请，由管理员审核后予以提高权限，如拒绝申请将告知理由。用户权限功能减少了用户的操作失误给信息完整性造成破坏的可能性，使数据更加安全。

（3）日志管理

日志管理是记录系统中软件和系统问题的信息，同时还可以监视系统中发生的事件。用户可以通过它来检查错误发生的原因，或者寻找受到攻击时攻击者留下的痕迹。日志管理包括系统日志、应用程序日志和安全日志。系统内所有用户的操作记录由日志管理模块进行记录，日志信息不允许修改和删除，提供条件查询和模糊查询功能。

第四章
古树名木保护之路

　　古树名木是宝贵的物种资源和历史的文脉见证，也是需要全心守护的山河印记。杭州市一直致力于做好古树名木保护文章，创新保护体制机制，建设数字化监测平台，探索古树保护复壮新技术，也汇聚全社会爱绿护绿的深厚力量，以实现杭城古树名木的"老有所养，老有所安"，有力呵护百姓的"绿色乡愁"。

上天竺法喜寺内的古玉兰,树龄500年(施晓梦 摄)

近年来，随着杭州市经济迅速发展和社会文明程度的逐步提高，古树名木的价值逐渐被人们所认识，保护与管理工作稳步推进。经初步调查，杭州约有80%的古树名木树体存在不同程度的受损、生长衰弱、生长环境恶劣等情况，为此，杭州市园林文物局积极组织以杭州植物园为主体的调查小组，通过科技项目深入开展杭州城区古树名木现状调查，构建古树名木数据库，并探索出一套科学的保护管理措施，制定浙江省地方标准《古树名木保护复壮技术规程》（DB33/ T 2565—2023）。同时，在每年开展定期巡查的基础上，督促各区县对长势濒危的古树名木进行了筑墩加土、围栏保护、支撑拉索、施肥覆土、病虫害防治、防腐处理、安装避雷装置等保护工程。通过采取一系列的保护措施，杭州城区古树名木保护管理形势良好，成效显著。

一、古树名木衰弱原因分析

古树历经了百年甚至上千年的时光，长势一般会逐渐减弱，同时随着城市发展进程的加速，导致古树所面临的问题越来越多。生长环境的恶化、环境的污染、病虫害的侵蚀、恶劣天气的影响以及人为破坏，都是造成古树名木衰弱甚至死亡的原因。

1. 自然老化

树木会随着树龄增加而自然衰老，生理机能逐步下降，根部水分及养分吸收能力以及叶部光合作用的能力，不能满足树木自身生存的需要，使其生理代谢慢慢失去平衡，从而导致树势衰弱。自然老化是古树衰老的内在因素，是人力不可控的，我们能做的是给古树名木营造一个良好的生态环境，消除或改良对古树名木生长不利的因素，最大限度地延缓古树的衰老。

2. 立地条件恶化

立地条件恶化是加速古树名木衰弱最主要的原因之一。主要包括土壤营养状况不佳、土壤板结、过度铺装等。

在同一地点单一地种植同一种植物，会导致部分元素被片面地大量消耗，部分元素会逐渐富集，从而影响植物的生长。而古树几百年来都在同一土地内吸收养分，其根部土壤的营养元素比例必定存在不合理乃至缺肥。

由于古树冠大荫浓，人们多喜欢在其周围活动，尤其是种植于公园绿地或村庄中的古树，往往由于游客或市民的长期频繁踩踏导致土壤板结严重。遭受踩踏后，土壤团粒结构遭到破坏，表层会变得密实、坚硬，从而导致土壤的渗水性、透气性和营养状况都变差，土壤中水、气、肥不能有效循环，使根系的有氧呼吸、营养运输和伸展严重受阻，直接影响根系活力，导致旧根系老化死亡，新根系萎缩变形，是造成古树树势衰弱的直接原因之一。

有些古树或分布于主干道两侧，或分布于公园绿地，为了方便通行或观赏，往往会在树干周围用水泥砖或其他硬质材料进行大面积铺装，仅留下较小的树池，这样就容易造成土壤通气性能的下降，根系窒息。也使在降雨时，形成大量的地面径流，根系无法从土壤中吸收到足够的水分。此外，大量的铺装导致古树周围无法种植植被，夏天铺装直接暴晒在阳光下，会使土层温度过高，影响根系的正常代谢功能，促使根系生长缓慢或停止，最终导致根系死亡。

随着城市的不断发展，人为活动造成的环境污染也会直接或间接地影响古树的生长，从而加速古树衰老的进程。比如，古树的生长环境常不同程度地遭受到建筑垃圾、生活垃圾和工业垃圾等有害物质的污染，不仅影响土壤的物理化学性质，而且也直接毒害根系，危害树木的生长与生命。另外，建设工程在实施过程中，若保护不当，可能会对古树根系产生损伤，对古树造成不可逆的影响。有时，部分施工单位为了贪图一时的便利，将地基挖出的土壤堆积在古树周围或给古树过度覆土，使树根周围的地面显著抬高，结果导致树木呼吸受阻，逐渐窒息枯萎。此外，人为在古树树体上缠铁丝、钉钉子、乱刻画等破坏行为，也使古树树体受到损害。

3. 自然灾害

杭州遭受的台风、干旱、大雪等自然灾害对古树的生长产生了严重影响。古树一般树体高大、树冠浓密，容易受到大风、台风的危害，虽然整株吹倒的并不多见，但梢头或分枝折断却屡有发生，而部分遭受过病虫危害致空心的树木，其大分枝乃至主干易被大风拦腰刮断。大雪同样对古树有着严重的影响，尤其是樟树枝条比较脆，往往会出现枝条被积雪压断的情况，如伤口不能及时愈合，则会导致树体腐烂等严重后果，进而影响古树生长。干旱则会造成古树生长迟缓，部分枝端枯死；如果干旱持续时间长，树叶会失水而卷曲，严重者可使古树落叶，小枝枯死；与此同时，当古树遭受干旱时，容易遭病虫侵袭，从而导致古树衰弱。此外，因古树多为孤立木，又往往比较高大，易遭受雷击伤害。

4. 病虫害

病虫害是古树衰弱的另一个重要原因，由于古树树龄大，生长势开始转弱，相比健壮的树木更易遭受病虫的侵染为害。害虫的刺吸、蚕食、蛀食等，会导致树体营养损失或树体疏导组织破坏，造成古树生长发育不良。一些真菌或细菌的入侵，会大大降低古树的光合效率，导致树势衰弱。一些生理性病害，也会降低叶片中叶绿素的含量，进而影响光合作用，导致树体衰弱。

5. 其他

部分古树名木生长于西湖风景名胜区的山林之中，一方面古树与周围的树木之间距离很近，彼此争夺光照、水分和营养元素，古树因为自身功能趋于老化，在竞争中处于劣势，导致树势不断下降；另一方面，周围植物众多导致郁闭度过高，通风不良，夏季高温高湿，利于害虫及真菌滋生。有些附生或攀缘性植物还会依附在古树主干上，对其主干造成损伤。生长于寺庙或农村祠堂前的古樟往往会被作为"神树"，并有在树旁进行烧香祭拜的风俗习惯，这些古樟终日经受烟火的熏蒸，不仅使古树的生长受到了不利的影响，还大大增加了火灾隐患。有些古树紧靠建筑物，地上地下的生长空间极其有限，严重影响了古树的正常生长。

此外，养护不到位、复壮保护措施不科学也是古树衰弱的重要原因。部分古树，仍有存在大量枯枝的情况，这说明了这些古树在日常养护管理中是不到位的；还有部分古树的树洞还在采取水泥等硬质填充物进行补洞，时间一久，水泥与树体分离，反而不利于树体恢复。

二、保护复壮技术探索

古树的衰老不能简单归结为某个原因，往往是多种原因共同作用的结果。其衰弱的主、次原因是随着不同的生长季节和气候环境不断转移、变化的。在进行古树复壮时，既要掌握整体的共性，又要兼顾个体的特性，做到有的放矢、统筹兼顾。具体而言，针对长势衰弱的古树进行复壮包括地下和地上两部分，地下复壮主要通过地下系统工程创造适宜古树根系生长的条件，诱导古树根系活力，达到诱导根系生长发育的目的；地上复壮以树体管理为主，具体包括树体支撑、树洞修补、避雷针装设、病虫害防治等。

1. 地下部分

地下部分的复壮核心是要改善土壤状况，创造根系生长的适宜条件，增加土壤营养，促进根系的再生与复壮，提高其吸收、合成和输导功能，为古树生长打下良好的基础。主要措施有以下几种：

（1）换土

将原有板结的、受污染的或堆高的土移除，改填理化性质优良的土壤，以改善土壤条件，促使古树根系生长。

（2）拆除铺装

拆除硬质铺装是从根本上解决古树表层土壤通气问题的有效途径，拆除铺装后应对表层土壤进行改良，有条件的还可以种植豆科植物，除了改善土壤肥力外还可以提高景观效益。若条件不允许，应将树冠投影范围内的硬质铺装改成透气型铺装，并根据立地条件尽可能地扩大树穴。

（3）设置复壮沟

完整的复壮沟系统由复壮沟、通气管和渗水井组成。该系统在增加土壤通透性的基础上，还可以使积水通过管道、渗井排出或用水泵抽出，创造适于古树根系生长的优良土壤环境条件，有利于古树的复壮与生长。实际操作时可根据立地条件以及古树的长势，选择复壮沟的深度和宽度，并决定是否需要安装渗水井。

（4）埋土过深的处理

古树树干埋土过深，在古树保护过程中经常遇到，最有效的补救方法，就是将多余的埋土挖去取走，尽量恢复到埋土前的高度，并置入上面提及的通气系统。

（4）打孔

对树冠投影范围内板结的地面进行打孔，并填充肥料、泥炭土、木屑等材料，可以增加土壤的透气、透水、蓄水能力，泥炭、木屑自然降解后持续供给古树养分，并有利于土壤微生物的生存和活动。打孔的数量、直径、分布要根据实际情况确定。

（5）施用生长调节剂

给古树根部及叶面施用一定浓度的植物生长调节剂，使古树复壮，延缓衰老。

2. 地上部分

地上部分的复壮核心是要保护古树树体健康，促进古树安全，增加营养生长，提高光合作用效率。主要措施有以下几种：

（1）树体支撑

树体支撑是古树保护的重要一环，目的就是要防止古树树干或大的枝条倒伏、断裂。古树树干一旦断裂或整个树体倒伏，很难再重新焕发生机。出于对游人安全的考虑，加强古树树体支撑尤显重要。目前对支撑杆和树体被支撑部位的处理方法是：在上端与树干连接处做一个碗状树箍，加橡胶软垫，垫在铁箍里，以免损伤树皮；有时也会采用环状树箍，内衬橡胶软垫，树箍连接处用松紧的螺栓固定，可视具体情况进行松或紧。支撑一般用铁管，大多采用斜式支撑，虽然方法简单、牢固实用、易于施工，但往往会分割区域空间，造成紊乱感，降低区域空间和古树本身的景观质量。可以改进采用立式支撑或艺术支撑，立式支撑是支撑杆垂直于地面的一种方式，不仅对空间分割和古树景观影响小，而且容易形成整齐划一的景观效果。艺术支撑又称仿真支撑，它的核心就是对支撑杆进行艺术化处理，使其具有一定的观赏性，与周围环境和古树本身相得益彰，例如，可以将支撑杆仿枯树桩进行支撑，先绘制仿枯树桩支撑的效果图，按照效果图支设铁管，绑缚钢筋骨架，最后在现场熬制玻璃钢进行艺术仿真。

（2）树洞修补

控制树洞内部的水分是防止空洞扩大的关键，因此需要根据树洞的实际情况和周围的环境综合判断是否要修补树洞。不同类型的树洞，所要采取的修补方式和修补程度也不一样。对于朝天洞，由于此类树洞洞内会积水，造成树洞内经常保持潮湿环境，给霉菌滋生繁殖创造了条件，对树木的木质起到破坏作用。因此，对这类树洞要进行整体封填或洞口封堵，使水分不渗入洞内；对于全开放树洞，视树洞开放情况，可作洞口不封堵处理，但要保证洞下端能做到顺畅排水，不积水。对于上下贯通洞：通常要对上下两个洞口作封堵，或对整个洞作封填修补，但这两种情况在洞口封堵时都要留出通气孔。对于穿顶洞，最常用的做法是把下部的开口进行封堵，并在封堵口处留出通气孔。夹缝洞和侧向洞一般可进行全树洞封填或仅对树洞洞口进行封堵，洞口留有通气孔。

古树树洞修补通常可采取两类方法：开放法修补和封闭法修补。两类修补方法的核心是阻止雨水的渗漏，防止心材腐烂。堵洞的目的就是为了防止雨水渗入树洞内，保护树洞内干燥的环境，不利于霉菌的滋生，从而阻止木质的腐烂。当堵洞不能有效地阻止雨水渗漏时，可选择让树洞敞露结合适当的引流雨水的措施，其目的同样是避免树洞积水，尽可能保证树洞内能长时间的保持干燥。开放法修补：适用于侧向树洞，且树洞不深或无天然水流入或不会在洞内存积。对这类树洞，可采用开放法修补。这类洞在必要时将洞内腐烂的木质部彻底清除，刮去洞口边缘的坏死组织，用杀虫剂和杀菌剂消毒，再涂上防护剂，防止雨水渗入。同时改变洞形，以利排水，或在树洞底部打孔插入排水管排水。对开放法修补的树洞，需要经常检查防护层的状况、树洞排水情况，防止树洞防护层破损和树洞积水。封闭法修补：适用于较窄小的树洞，或容易积水的朝天洞。具体做法是先对洞内腐烂的木质进行清除，防虫杀菌、防腐处理后，进行干燥处理，之后可在树洞口表面沿韧皮部内侧覆盖上镀锌金属薄片，使金属薄片嵌入树体，洞口覆盖金属薄片的目的是让韧皮部形成层在细胞生长过程中有依附的面，确保形成层能相向增长，给予树洞的愈合创造条件。

（3）剥落树皮的处理

古树常因雷击或碰撞而使整块树皮脱落或松动，需要马上进行恰当处理，目的是尽可能使树皮重新长好或尽可能保护好伤口处暴露在外的木质部分。

对于剥离的树皮还有一部分和没有受伤的树皮相连，且损坏部位的里面还保持湿润的，就应立刻用不生锈的钉子将伤皮固定在树干的木质部上，让受伤的树皮边缘与树干未受伤的树皮的周缘尽可能缝合，与树干木质部表面贴合，然后，把树皮边沿翘起的部分削平，喷上杀菌液，伤处涂上喹啉铜等防腐防水剂，用透气绑带绑扎做保湿处理。

对于伤皮和暴露在外的木质部已经变干的，要把整片松动的伤皮从树干连接处切掉。同时削平树皮边缘，喷一遍杀菌剂和杀虫剂，涂一层喹啉铜防腐防水剂等防水性能比较好的材料，以防止暴露在外的木质部水分过度损失而造成干裂，同时也防止木质部受外部水分的浸润和病菌的滋生。而且此后一年中要对敷层进行数次检查，以防爆裂。

（4）树干树枝伤口处理

古树树干树枝出现伤口，必须立即进行专门处理。伤口边缘必须要用锋利的刀修平，把伤口扩大使之呈阔椭圆形。用变性酒精消毒，然后用喹啉铜防腐防水剂涂敷伤口，以防真菌感染。伤口进行处理后，还要通过定期的检查，一年内再重复处理1~2次，才能获得较好的效果。主要是检查伤口保护涂剂是否有起泡、破裂或其他问题。在进行重复处理之前，应将原有的保护涂剂的残渣去掉。愈伤组织长好后，即不需再涂保护涂剂。

（5）树干苔藓控制

在自然系统中，苔藓、地衣等孢子植物是重要的组成部分，对维护自然生态系统平衡起着重要的作用。但是，在园林绿地系统这样一个特殊环境中，这些附生于古树上的苔藓、地衣等孢子植物的存在却常常会带来许多负面的影响，成为古树保护中不可忽视的有害生物。由于苔藓类植物容易长于生长速度较慢或者衰退的古树上，因而要加强古树的水肥管理，增强其生长势；当古树枝干上生长的苔藓等植物密度很大时，最直接的控制方法是通过人工，将成块的地衣等从树干上刮除。苔藓的刮除等操作，最好待到天气干旱较长时间，苔藓或地衣植物变干成块时进行。刮除下来的地衣和苔藓要进行收集，集中烧毁。或选用33.5%喹啉铜悬浮剂200倍喷淋，可有效防治古树上的苔藓。

（6）避雷针装设

杭州夏季雷阵雨多发，而古树一般树体高大，且多为孤植，因此较易遭受雷击。历史数据显示，杭州西湖风景名胜区的有些古树曾遭受过雷击，对于树木生长造成了较大影响，有些树木在遭受雷击后死亡。因此，高大的古树应装设避雷针。

（7）围栏设置

目前杭州市绝大部分古树都设置有围栏，但有部分围栏过小或仅仅为铁质小护栏，铁质围栏不仅容易生锈腐烂，而且与古树景观不协调，因此建议采用石质围栏，且围栏距树干应不少于3m，从而提供优良的古树生长小生境，减少人为干预，促进古树健康生长。

（8）水肥管理

古树经多年生长、反复吸收，土壤中营养元素的组成和比例已经不再符合古树正常生长的要求，若不及时进行水肥管理，会影响其正常的生长。施肥应根据土壤分析结果，确定施肥种类，根据实际生长需要，确定施肥方法。对生长较健康的古树，以在根际周围施肥为主；对于生长势较弱的古树，以树干滴注液态肥为主。也可对叶面喷施液态肥，注意不要施大肥、浓肥，要勤施淡肥。此外，应根据土壤墒情进行浇水，若有积水，应及时排涝，对长在低洼地段的古树，应结合复壮沟修建地下渗水管网。

（9）病虫防治

古树由于生长势往往比较衰弱，因而易招虫致病，加速死亡。因此，应加强日常巡查，一旦发现古树出现病虫害，应及时采取有效措施防治。

三、杭州城区古树名木保护复壮案例

1 吴山古樟树

编号018610700073、018610700074，树龄均为730年

位置： 西湖风景名胜区吴山景区药王庙前。

复壮前基本情况： 两株古树整体长势良好，存在问题如下：编号018620700074古樟树树体倾斜，且树池狭小，加上古树周围存在竞争枝，不利于生长；编号018610700073古樟树枯死枝达到全株的30%以上。这两株古树生长环境内土壤已有多年未经更换，营养水平低。

复壮措施： 主要保护内容为树势平衡（修枝）、树穴扩大、新增栏杆、土壤改良、地被迁种、固定支撑、告示牌安装等。编号018620700074古樟树靠清辉轩一侧枝干受到周边樟树影响，生长受限，重修周边树木，让古树枝干伸展。对局部枯枝进行修剪并搭脚手架辅助；编号018610700073古樟树适当修剪枯枝，移位正对古树的商家空调机。编号018620700074、编号018610700073两株古树相邻，经专家会诊后决定扩大树穴，将两处古樟树树穴打通，迁移竞争树种，整治后的树穴方案详见下图。另两株古树驳坎下方为硬铺装，将树穴范围下坎铺装拆除，做自然式花坛，增加树根的透气性。花坛内植地被和杜鹃。

（1）维护树势平衡： 对两株古樟树局部的枯枝进行修剪并搭脚手架辅助，修剪枯死、过密枝条，处理后涂抹生物愈伤剂，并对编号018620700074古树偏冠方向的投影区域垂直地面打桩，选取合适树

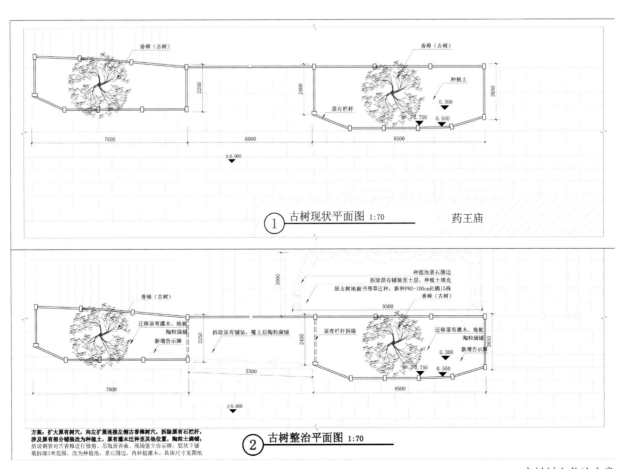

古树树穴整治方案

枝干与抱箍捆箍牢。另对树冠外5m范围内的其他树枝进行强修剪，改善古树采光条件，保证其正常生长所需的空间。

（2）**迁移地被、改良土壤**：迁移古樟树周边的竞争植物，对施工面下挖0.3m，将原有旧土去除，更换为营养土、锯末与少量有机肥混合物，翻拌均匀之后再填埋其中，最后选用透气性较好的陶粒覆盖。

（3）**树穴扩大、去除部分硬质铺装**：将两株古树石质护栏树穴范围向外扩3m左右，并打通相连。驳坎下方的硬质铺装拆除，改造为自然式花坛，增加树根的透气性。花坛内植地被和杜鹃。

复壮成效：两株古樟树周边竞争植物减少、迁移，生长环境明显改善，采光得到加强，枯死、过密枝条修剪得当，支撑和抱箍设置合理，古树整体长势平稳。经树穴扩大、硬质铺装拆除、花坛改建和土壤改良，复壮后古树树根透气性明显改善，土壤营养水平提升，两株古樟树生长势较强，整体观感好。

搭脚手架修枝设置支撑

扩大树穴、去除下坎部分硬质铺装

土壤改良

复壮后的生境

第四章 古树名木保护之路

复壮后古树全貌

2 云栖竹径古苦槠

编号018620100033,树龄430年

位置: 西湖风景名胜区云栖竹径景区回龙亭旁。

复壮前基本情况: 古树树皮有2/3失活,主枝枯死,仅余一小侧枝存活,古树干周围竹子较多,侵占古树生长空间。

搭设脚手架

清腐防腐

土壤改良

第四章 古树名木保护之路

复壮措施： 该古树位于云栖竹径景区回龙亭边绿地内，主干主枝枯死且腐朽多年，古树周边竹子生长较密，侵占古树生长空间，古树树势严重衰弱，为确保剩余树干活力，需要保证古树生长空间，提高古树营养供给能力，同时对枯朽部分进行修枝及清腐防腐，改善古树生长状况。

（1）修枝：因主干枯朽多年，且高达18m，日常养护和机械难以开展防腐清腐，导致上部腐朽严重，为避免主干进一步枯朽，对枯朽部分进行修枝，修剪至树干坚硬部分。

（2）清腐防腐：修枝后，对保留的已枯死主干部分和失活树皮，进行仔细清腐，失活树皮清腐至

古树复壮前全貌

树皮鲜活处，树皮清腐切面保持垂直，枯死树干清腐至树干坚硬处。清腐后及时喷洒药物防治病虫害，等干后初步涂刷防腐剂。清腐防腐首月隔7天进行一次病虫害防治，完成3次，期间有腐朽未清理部分重新清理。之后3个月检查一次，最后一次涂刷防腐剂。

（3）**土壤改良**：用土壤消毒剂对土壤进行杀菌消毒，在不伤害根系的情况下，在树干投影范围周边，打孔放置含腐植酸的球肥，然后浇灌古树促根剂、土壤改良剂、水溶肥混配液，改良土壤，提高土壤肥力，促进根系生长。

（4）**扩大生长空间**：根据浙江省古树名木保护办法和现场情况，清理古树投影范围内杂树、竹子和杂草垃圾等，古树树穴内铺设树皮，减少古树周边植物争抢营养空间，扩大古树生长空间，改善古树生长环境。

复壮成效：经对枯朽部分修枝和保留部分反复清腐，避免了古树主干的进一步腐朽。通过对土壤进行杀菌消毒、埋肥，浇灌水溶肥混合液，土壤肥力显著改善，以及施用古树促根剂、土壤改良剂，促进古树根系萌发与生长。随着周边杂树、竹子和杂草垃圾等得到清理，古树生长空间和营养空间扩大，生长环境明显改善，复壮后古树树体新枝萌发，整树长势向好。

古树复壮后全貌

3 灵隐景区古银杏

编号 0186102000045，树龄 800 年

位置： 西湖风景名胜区灵隐景区玉液幽兰游步道边。

复壮前基本情况： 古树生长正常，但存在以下问题：树穴范围地势略低，雨季容易排水不畅导致根系范围土壤湿度过大而烂根。树干有木质部裸露形成的树洞。目前树冠内枝叶稀疏，叶片偏小发黄，提早落叶。保护范围内根部土壤过于板结，营养水平低。

清腐处理

防腐施工

埋设透气管

复壮措施：

（1）**树体防腐及修补：** 利用环保型弹性树洞修补技术对树体腐烂木质部及树洞进行处理。具体措施包括：树体清腐，打磨机进行打磨、抛光，对清理后的木质部干燥处理，外层防腐处理，内层防腐处理，树体填充，杀菌消毒等。

（2）**开挖复壮沟：** 在树冠投影外侧挖放射状沟4条，底部加松土，利用腐熟的营养基质土平铺一层，上撒少量松土，同时施入有机肥和少量复合肥，覆土后放第二层营养基质土，最后覆土踏平。

（3）**埋设透气管：** 在复壮沟两头各埋一条透气管以增加透气性。

（4）**促根复壮：** 对根系范围内的土壤浇灌古树复壮专用促根剂、腐植酸类肥料及高效液体肥，补充古树生长所需养分，促进树木生长恢复。

（5）**树体输液：** 根据树木长势采用高效吊针营养液对古树进行树体输液，为古树提供水分和各种营养元素，激活细胞再生，提高古树生长势。

（6）**排水系统建设：** 在冠幅外沿挖排水沟，沟内铺设PE硬质透水管相互连接至渗水井（渗水井为砖砌，做好井盖，便于后期观察雨水汇集情况及积水时人工抽水）。

（7）**树穴覆盖：** 采用松鳞片对树穴保护范围进行覆盖以增加透气性。

（8）**病虫害防治：** 采用高压喷雾器对树冠进行喷药防治病虫害。

（9）**竹围栏保护：** 以古树保护范围为界设立仿真竹围栏保护。

复壮成效： 通过对古树进行树体清腐和树洞修补处理，稳固古树健康状况，防止进一步腐朽。开挖复壮沟、树体输液、浇灌肥料和施用促根剂等多项措施并用，改善古树根部土壤结构，提升土壤营养水平，从而激发古树生长活力，有效提高古树生长势。通过排水系统建设、埋设透气管，彻底解决了树穴范围地势较低，雨季容易积水导致烂根的问题，保障了古树根部空气流通，正常生长。复壮后，古树生长空间扩大，土壤条件改善，树体生长势增强，树体观感较好。

第四章 古树名木保护之路

复壮后古树全貌

4 鲍家渡古樟树

编号 0104300015，树龄 200 年

位置： 上城区鲍家渡 70 号对面。

复壮前基本情况： 古树整体长势良好，但存在下列问题：①树穴窄小，内部垃圾、枯枝落叶堆积，杂草较多，在树穴北侧还堆积有砖块；②主干上树皮大面积破损；③枯枝较多，有少许几处断枝未及时处理。

复壮措施：

（1）**修整原有破损的围栏：** 清理堆放的砖块、树穴内的垃圾杂草等。

（2）**修剪、疏枝：** 搭设脚手架进行疏枝、枯枝修剪。

（3）**树体防腐处理：** 修整一些残桩、截面，消毒并涂抹愈合剂，主干裸露在外的木质部涂抹桐油防腐。

（4）**基质改良：** 营养土回填，树穴内铺设陶粒。

（5）**白蚁防治：** 在树穴周围布置白蚁防治设备。

（6）**绿化种植：** 树穴外栽植地被。

复壮成效： 通过对破损树穴的修整，清理原有堆放的砖块、枯枝落叶和垃圾杂草等，古树生长环境得到改善。对枯枝、密枝进行修剪，树体腐朽部分清理和涂抹桐油防腐，进一步稳定古树生长势。通过基质改良和陶粒铺设，保障了树根透气性、透水性和所需营养，布设白蚁防治设备降低古树遭受虫害概率。复壮后，古树生长环境整洁，生长空间充足，土壤条件改善，整体长势较好。

主干树皮破损

搭设脚手架修剪、疏枝

防腐施工

第四章 古树名木保护之路

复壮后古树全貌

5 紫金观巷古银杏

编号010230400006，树龄100年

位置：上城区小营街道紫金观巷25号。

复壮前基本情况：古树整体长势不佳，存在以下问题：①古树围栏老旧，原有的涂漆剥落、生锈；②古银杏久未修剪，树形不佳，偏冠严重，树梢有枯枝；③树下有杂草、灌木、乔木，不利于古树生长。

复壮措施：

（1）**垃圾杂物清理外运**：铲除树下乔木、灌木、地被，清理外运，清除树穴内枯枝、杂草等。

（2）**病枯枝修剪**：搭设脚手架对古银杏上部病枝、枯枝进行修剪整形。

（3）**围栏更换**：更换原有围栏，扩大围护范围，根据相关规范，结合实地情况，确定围栏尺寸为4.5m×4.7m，围栏高度1.2m。

（4）**病虫害防治**：在古树基部2m处，均匀设置3个白蚁诱杀装置。诱杀装置内有桉树皮，能引诱白蚁进入诱杀装置，发现有工蚁取食桉树皮，用氰戊菊酯等趋避药剂喷淋植株主干及周围土壤，工蚁带药喂食同类及蚁王蚁后，进而感染整个蚁穴，全巢毒死。

（5）**树穴陶粒铺设**：以古银杏树干为中心，树穴内满铺陶粒。

（6）**绿化种植**：清除树穴内外杂草及枯枝落叶，树下花坛内植物全部铲除，重新设计布置花坛内植物配置。

复壮成效：复壮前后较大的改观是古树护栏更新，树穴范围内大量杂树杂草清理外运，铺设陶粒，花坛内植物重新设计配置，整体观感清爽整洁。通过对古银杏上部病枯枝修剪、树冠整形，树体生长势得到稳固，以及布设白蚁防治设备降低古树遭受虫害概率。复壮后，古树生长环境得到大幅度改善，树穴内生长空间充足，整体长势较好。

围栏老旧、生锈

树下植被杂乱

第四章 古树名木保护之路

清理杂木以及搭设脚手架修剪

树穴内铺设陶粒

复壮后古树全貌

6 青龙苑古樟树

编号0103200002，树龄350年

位置：拱墅区青龙苑内。

复壮前基本情况：①树冠由于中心干主枝头和东面主侧枝枯死，修剪处理后需做好锯口防腐；②中心干主干西面的2m×1m拉伤部位处理出现两处损坏，需进行修补处理；③古树北面和南面道路硬化导致根部生长受阻，只有两侧可以生长；④偏冠严重，西面和东面空缺，需通过修剪修正树冠长势。

复壮措施：

（1）**维护树势平衡**：对两株古樟树局部的枯枝进行登高车辅助修剪，修剪枯死、过密枝条，处理后涂抹生物愈伤剂，并对古树偏冠方向的投影区域垂直地面打桩，选取合适树枝干与抱箍捆箍牢。另外，对树冠外5m范围内的其他树枝进行了强修剪，改善古树采光条件，保证其正常生长所需的空间。

（2）**迁移地被、改良土壤**：迁移古樟树周边竞争植物，增设排水措施，将原来的旧土去除，更换为营养土、锯末与少量有机肥混合物，翻拌均匀之后再填埋其中，最后选用透气性较好的松树皮覆盖其上。

（3）**树洞修补**：樟树的侧枝部位没有明显的朝天洞，在枯死枝去除后判断是否还有树洞存在而进行方案调整。对中心主干的拉伤部位进行修补，开口查看拉伤部位内部情况，通过愈合痕迹判断是否进行材料更换修补，对树体破损部位进行修补处理。

复壮成效：通过对古树枯死、过密枝条的修剪，树冠周围其他植株进行强修剪，树体采光条件得到改善，以及设置支撑和抱箍，整体树势得以维持，给予树冠足够的生长空间，有效缓解偏冠现象。树穴内竞争植物、旧土等得到清理，进行大面积土壤改良和铺设排水设施，拓展古树根系生长空间，保障根基部生长所需营养和正常呼吸。通过对古树朝天洞和主干拉伤部位进行修补，防止进一步的腐朽。复壮后，古树生长环境明显改善，生长空间扩大，树体破损和树洞等得到妥善修复。

登高修枝

增设排水措施

第四章 古树名木保护之路

土壤改良

朝天洞修补

复壮后古树全貌

7 朝晖路古樟树

编号 0103300011，树龄 250 年

位置： 拱墅区朝晖路与绍兴路交叉口西南角。

复壮前基本情况： 古树整体长势良好，但仍存在几个问题：①古樟树树体倾斜，恐不利于生长；②古树生长环境内土壤已有多年未经更换，营养水平低；③存在几处树洞需要进行修补。

复壮措施：

（1）**维护树势平衡：** 搭设脚手架辅助，对樟树古树局部病枯枝进行修剪，去除枯死、过密枝条，处理后涂抹生物愈伤剂。并对古树偏冠方向的投影区域垂直地面打桩，选取合适树枝干与抱箍捆箍牢。另外，对树冠外5m范围内的其他树枝进行了强修剪，改善古树采光条件，保证其正常生长所需的空间。

（2）**迁移地被、改良土壤：** 对古樟树周边竞争植物进行梳理和迁移。去除原有旧土，更换为营养土、锯末与少量有机肥混合物，翻拌均匀之后再填埋其中，最后选用透气性较好的松树皮覆盖其上。

（3）**树洞修补：** 对古树中心主干进行勘测，开口查看过往修补部位的内部情况，然后通过愈合痕迹判断是否再进行二次更换材料修补，并对缺损部分进行处理。

复壮成效： 对古树局部病枯枝进行修剪，梳理树冠周边植物，树体采光条件改善，正常生长空间得以保证。设置支撑和抱箍，有效缓解古树树体倾斜现象，维持树势平衡。对树穴周边竞争植物梳理和迁移，将营养土和有机肥等翻拌均匀置换原有旧土，提高土壤营养水平。复壮后，古树根基部生长环境明显改善，树体破损和树洞等得到妥善修复，整体长势向好。

搭设活动脚手架修枝

搭设活动脚手架修补树洞

土壤改良

复壮后古树全貌

8 木庵小区古樟树

编号 0103300006，树龄 150 年

位置： 拱墅区木庵小区内。

复壮前基本情况： ①经查看，树池面积过小，不超过 3m²，且周围硬化路面严重影响根系伸长；②病虫害明显，没有定期进行病虫害防治养护，一年生枝数量减少，无法正常更新"枝叶比"，导致树冠呈衰弱趋势；③3 个朝天树洞面积过大，雨水浸泡严重腐蚀木质部，修补过后没有及时定期维护造成二次腐蚀，危害主干；④树势不均衡，南重北轻，存在易断风险，断枝过后形成新的拉伤或是树洞，造成恶性循环危害，需通过修剪平衡树势。

复壮措施：

（1）维护树势平衡：对古樟树局部的枯枝进行修剪，并通过登高车辅助，去除枯死、过密枝条，处理后涂抹生物愈伤剂。对树冠外 5m 范围内其他乔木的树枝进行强修剪，以改善古树采光条件，保证其正常生长所需的空间。

（2）迁移地被、改良土壤：迁移古樟树周边竞争植物。将原来的旧土去除，更换为营养土、锯末与少量有机肥混合物，翻拌均匀之后再填埋其中，最后增设排水沟。

（3）树洞修补：对树洞周围失活树皮进行凿除，树皮清腐切面应保持垂直。并对古树中心主干进行勘测，开口查看过往修补部位的内部情况，然后通过愈合痕迹判断是否再进行二次更换材料修补，对树体缺损部分进行修补处理。

复壮成效： 修剪清理古树病枯枝，减少病虫害滋生，修整树冠，减少断枝风险，加强树体采光，维持现有树势平衡。树穴内竞争植物、旧土等得到清理，进行土壤改良和排水设施铺设，拓展古树根系生长空间，保障根基部生长所需营养和正常呼吸。修补古树朝天洞和主干破损部位，防止进一步的腐朽。复壮后，古树生长环境明显改善，树冠获得足够生长空间，偏冠现象有效缓解，新枝生长数量增加，长势增强。

登高修枝

土壤改良与增设排水沟

第四章 古树名木保护之路

改良后的土壤

朝天洞修补

设置围栏及铺设松鳞

复壮后古树面貌

9 临平区委党校古樟树

编号011320100032，树龄315年

位置： 临平区临平街道区委党校内。

复壮前基本情况： ①该株古树整体长势偏弱、树冠稀疏、叶色偏黄、枯枝较多，其树主干基部部分树皮存在严重失水现象；②古树生长环境内土壤有堆积现象，并且存在土壤板结，营养水平低；③该树因生长重心偏离而倾斜，原支撑因安装时间较长，目前钢管、抱箍腐蚀严重，钢管表面水泥装饰物有开裂脱落现象。

复壮措施：

（1）**维护树势平衡：** 对古樟树局部的枯枝、过密枝条采用登高设备进行锯割修剪处理，修剪时切割面要有斜度并涂刷伤口愈合剂。

（2）**补充树体营养：** 对古树采取营养输液处理。

登高修剪

输营养液

浇灌萘乙酸促进生根

设置复壮坑

对原有支撑进行检查维护

（3）促（诱）发新根处理：在树冠投影范围内采用萘乙酸生根剂对土壤进行多次浇灌的方式，促使生根快，根量多，树势快速恢复。

（4）营养坑复壮处理：在古树投影外侧边缘（具体开挖点按实际情况而定）按规程要求开挖深50~80cm、长100~120cm、宽40cm左右的8~10个营养坑并埋设有机营养土约300kg，埋设有机营养土时要先处理好营养土的杀菌杀虫及通风透气工作。

（5）支撑加固：采用登高设备对原支撑钢管抱箍表面的装饰物进行拆除并清理掉表面的锈迹进行防腐加固及美化处理。

复壮成效：降低古树根部堆土高度，并开挖多个营养坑埋设有机营养土，改善土壤营养水平。树体营养输液和生根剂溶液灌根等措施并用,激发古树生长活力,提高根系生长速度。修复加固和美化支撑,稳固古树长势,有效缓解倾斜现象。复壮后,古树生长环境得以改善,基本解决土壤板结、营养物质缺乏等问题,树势快速恢复,树冠生长焕发活力,叶色逐渐恢复正常。

复壮后古树全貌

10 苕溪北路古银杏

编号018530500021，树龄100年

位置： 临安区锦北街道西墅居委会万马路苕溪北路交界公园内。

复壮前基本情况： 古树整体长势衰弱，主要存在以下问题：①古树树体切口腐烂；②基部除树穴外地面硬化严重，生长环境较差。

复壮措施： 古银杏受到地面硬化影响，生长受限，建议地上环境改造、方案详见下图。空洞修补、树体腐烂处理、宣传牌、吊针营养液、叶面施肥，对局部枯枝进行修剪等。

（1）地上环境改造：拆除古树基部原硬化铺装地面，面积约35.5m²。内部设置直径10cm的透气管，增强土壤的透气透水性。回填20cm厚复壮基质，为古树根系提供营养，促进根系的生长。上层满铺10cm碎石垫层，表面进行块石透气铺装。

（2）空洞修补：对古树树体主干基部的侧壁洞，采用填充法修复树洞，将树洞里的垃圾、腐烂部分清理干净，经过杀菌、消毒、防腐、风干后，用聚氨酯、轻质砖等材料进行填充，最后用修补材料进行表面封堵，外侧进行仿真处理。

（3）枝条修剪：古树树体上有多处切口未处理好而发生腐烂，对腐烂的切口进行修剪。修剪时切口要平滑、不留积水，切口需要用伤口涂补剂进行修复，防止古树发生腐烂。

复壮成效： 得益于地上环境改造，原硬化铺装的拆除和复壮基质回填，古树根基部生长环境改善。古树树体原有较多处切口和树洞，此次复壮进行了相应的清腐和修复，防止树体腐朽，较好地维持树势。复壮后，土壤营养物质缺乏、透气性差等问题较好解决，古树生长环境得以改善，树体切口腐烂处妥善处理，树势较快恢复，枝叶正常生长，树冠茂密。

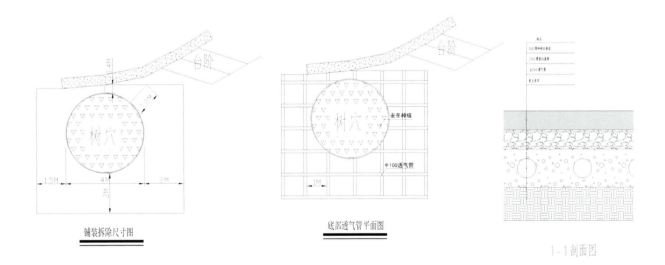

环境改造方案

环境改造提升

防腐施工

第四章 古树名木保护之路

复壮后古树全貌

第五章
古树名木的历史与乡愁

"闻道三株树,峥嵘古至今",一株古树不仅是一个天然的生态系统,也镌刻着一方土地的乡愁与回忆。有美堂前亭亭如盖的古樟树、五云山顶历经磨难的古银杏、灵隐寺旁钟灵毓秀的七叶树、新安江毕家村口可亲可感的大樟树……一株株有故事的古树,也是源远流长的中华文化和老百姓生活哲学的生动写照。一枝一叶总关情,杭州市园林文物局近年来坚持不断挖掘杭城古树名木的历史内涵和文化价值,提升百姓古树名木保护意识,让更多的古树名木在每个人的乡愁情思中焕发勃勃生机。

北山路72号院墙外古楸树,树龄210年

一、樟树 *Cinnamomum camphora* (Linn.) Presl

科：樟科　**属**：樟属

资源分布

杭州市城区范围内古树以樟树数量分布最多，共有645株，占杭州市城区古树总量的51.93%。其中，一级樟树古树50株（千年古樟树2株，均位于西湖风景名胜区花港管理处法相寺周边），二级樟树古树68株，三级525株，另有名木2株（树龄35年，位于西湖风景名胜区云栖竹径内）。樟树古树分布在西湖风景名胜区数量最多，为356株；拱墅区次之，为79株；西湖区和上城区也有较多樟树古树，分别为57株和49株；其余各区也均有分布，依次为临平区38株，建德市26株，萧山区14株，桐庐县10株，富阳区8株，滨江区5株，淳安县3株。

形态特征

常绿大乔木，高可达30m，树皮有不规则纵裂，叶卵状椭圆形，长5~8cm，薄革质，离基三出脉，脉腋有腺体，背面灰绿色，无毛，果球形，径约5mm，熟时紫黑色。花期4~5月，果期8~11月。

生长习性

樟树常生于山坡或沟谷中。亚热带常绿阔叶树种。主要分布于长江以南，尤以台湾、福建、江西、湖南、四川等地栽培较多。性喜温暖湿润的气候条件，不耐寒。适生于年平均温度16~17℃以上，绝对低温-7℃以上地域。对土壤要求不严，喜深厚肥沃的黏壤土、砂壤土及酸性土、中性土，在含盐量0.2%以下的盐碱土内亦可生长。

应用价值

樟树木材及根、枝、叶可提取樟脑和樟油，樟脑和樟油供医药及香料工业用。果核含脂肪，含油量约40%，油供工业用。根、果、枝和叶入药，有祛风散寒、强心镇痉和杀虫等功能。木材又为造船、橱箱和建筑等用材。

文化故事

三方庙古樟树 编号 010630900001，三级

这株古樟树树高18m，胸围4.5m，树龄135年，为三级古树，位于西湖区三方土谷祠前。

三方土谷祠又称三方庙，坐落于西溪湿地附近的天目山路何家河头村南端。该祠庙是为了纪念民间英雄人物所建，始建于南宋建炎年间，至今已有近900年历史。据考证，历史上的三方土谷祠曾年年举办庙会，西溪湿地附近的百姓常聚集在此，开展京剧、越剧、江南丝竹等表演。

这株枝繁叶茂、遮天蔽日的古樟树年复一年见证着当地百姓开展各类戏曲、音乐等民间艺术活动。百姓们也时常在树下嬉戏乘凉，观古树郁郁葱葱，听鸟儿婉转啼鸣。渐渐地，百姓对这株古樟树有了深厚的感情，他们把古樟树与三方土谷祠联系在一起，当做了西溪湿地民间文化的一个重要载体，人们只要一提到三方土谷祠，便会想起祠庙门前那株苍翠古朴的古樟树。

在历史上，西溪湿地一带曾经庙庵林立，随着历史的变迁，大多数庙庵都已不复存在。唯独三方土谷祠连同这株古樟树，深受人们的崇敬，被人们保护了下来，成为西溪湿地一道独特的人文景观。

如今，人们为了更好地保护古樟树，在其周围建起了围栏，设立了铭牌。这株古樟树静静地在此处生长，它将继续见证时代变迁，将一个个时光碎片刻进年轮里，写在枝叶间，汇成一部鲜活生动的绿色书卷。

三方庙古樟树，树龄135年

昭庆寺古樟树

编号 010610200014，一级

在西湖区杭州市青少年活动中心南门口有一株古樟树，其树高17m，胸围4.8m，树龄510年，为一级古树。

这株古樟树生长的位置，正处于杭州市中心和西湖景区交界处，以这株古树为中心，朝东是杭城的高楼大厦，车水马龙；向北是西湖的碧波荡漾，烟雨朦胧；往西是宝石山的群峰逶迤，流霞缤纷；在南面现为杭州市青少年活动中心，然而在历史上，该地是一座赫赫有名的千年古刹——杭州昭庆寺。

昭庆寺建于五代时期，历史上曾是著名的南宋皇家五山十刹之一，与灵隐寺、净寺、海潮寺被并称为杭州"四大丛林"。宋代南山律宗祖师允智律师、净土宗祖师省常大师、天台宗祖师遵式大师等均在此挂锡，在民间有"武林昭庆寺，为两山诸刹之最"、"省郡丛林之冠"之称。

寺庙中人多会种植长寿树木来表达香火长久、吉祥如意的愿望，所以凡古刹必有古树名木，这株古樟树也是如此。以树龄推测，这株古樟树所种植的年代正是昭庆寺香火鼎盛的明代中叶。曾几何时，古朴苍翠、遒劲挺拔的古樟树与高大雄浑、气势冠绝的寺庙建筑相得益彰，形成"庙以树古、树壮庙威"的景象。

明代史学家张岱在《西湖寻梦》中提到这里，"悬幢列鼎，绝盛一时。而两庑栉比，皆市廛精肆，奇货可居。春时有香市，与南海、天竺、山东香客及乡村妇女儿童，往来交易，人声嘈杂，舌敝耳聋，抵夏方止。"由张岱笔下可知当时古樟树所在之地门庭若市，热闹非凡。

然而好景不长，昭庆寺在历史上屡毁屡建，屡建屡毁，曾多次毁于大火和战乱。明代洪武至成化年间，因火灾而重新修建两次。明嘉靖年间，因为倭寇动乱，人们担心贼匪占据昭庆寺作为巢穴，又放火将其烧毁，待动乱平息后再重建。明隆庆三年，寺庙又一次被烧毁。最后一次大火发生在近代，最终这座千年古刹化为了一片焦土。如今，古樟树身后的昭庆寺仅剩一座保存完整的大殿，已改造成了青少年宫的联欢厅。这里早已不闻晨钟暮鼓之声，只有青少年们的嬉笑追逐声还久久萦绕在古樟树下。

千年古刹已消失在滚滚红尘中，人们便越加珍惜这株历尽沧桑的古樟树，不断地加强对它的重视和保护，500多年过去了，这株古樟树依然枝繁叶茂。曾被誉为四大丛林之冠的昭庆寺正逐渐消失在杭州人的记忆中，唯有古樟树还在这里伫立守候，娓娓道来这片土地千百年来的故事。

昭庆寺古樟树，树龄510年

市二医院古樟树 编号010530500022，三级

在拱墅区杭州师范大学附属医院（市二医院）的西南角有一株古樟树，其树高12m，胸围2.5m，树龄120年，为三级古树。令人称奇的是这株古樟树并不像其他树木一样直立生长，而是树身倾斜，俯着身子横着长，成了一株"卧樟"。

这株古樟树之所以成为"卧樟"，源自一段惊心动魄的故事。1988年8月8日，杭州遭受了有史以来最强烈的台风袭击，史称"八八强台风"，这场台风造成全市停电、公共交通瘫痪，多处砖木房屋被掀翻屋顶，许多树木被大风吹倒。

在这次台风中，这株古樟树也不幸遭袭，被连根拔起，树身倾斜。时值夏季，天气炎热，古树如果不及时抢救就会有枯死的危险。当时在杭州市委市政府的号召下，全市人民都积极参与到抢救倒伏树木的行动中来，这株古樟树也成了抢救的重点对象。人们首先想到将古樟树扶正，但由于这株古樟树树龄大、枝叶过于茂盛、承重量大，如勉强扶正会伤害到其根系。于是人们采取"保守治疗"，对其进行浇水遮阳，防止水分蒸发，并进行加固，防止其继续倒伏。后来，人们又在这株古樟树下加设了树池，防止水土流失。

经过人们长期的精心养护，这株生命力顽强的古樟树竟奇迹般地存活了下来。如今，这株造型奇特的古樟树依然枝繁叶茂、生机盎然，成为杭城一道独特的风景线。

市二医院古樟树，树龄120年

浙二医院古樟树   编号010230400010，三级

这株古樟树，树高18m，胸围2.2m，位于上城区浙二医院内，浙二医院在历史上曾建有圆通寺，这株古樟树为圆通寺僧侣所植。

1899年，杭州知府林启在幕僚高凤岐（字啸桐，1858—1909）等协助下，以大方伯圆通寺僧侣不守清规，为舆情指摘，乃逐去寺僧，移佛像至白衣寺（今青春中学内），开始筹划办学，取名"养正书塾"，学制5年，经费由政府和富商共同出资。这是浙江省最早的省立普通中学。后来这所"养正书塾"几经发展，成为省立一中。其高中部已经在1908年搬迁至省城贡院，后来发展成现在的"杭州高级中学"。1930年8月，其初中第一部（初中男生部）迁址学院前新校舍，后来成为"杭州第四中学"。1931年6月，其初中第二部独立，成立浙江省立女子中学，并增设高中，迁址铜元路新校舍，后来该校发展成现在的"杭州市第十四中学"。1932年时任浙江省教育厅厅长的许绍棣先生看中了已搬离一空的"省立一中初中部"旧址，便与邵力子、马寅初等人，出资并募股创办了杭州树范中学。1945年抗战胜利，树范高中部在原址复课。1949年8月，私立新群高级中学并入树范。1956年改私立为公立，定名浙江省杭州第九中学，并搬迁至杭州市江干区双菱路152号。1959年杭州市政府将树范中学的校舍划拨给了浙二医院。

这株古樟树，静静地藏身于市井深处，看云起云落，世事变幻。伴随着杭州的发展与变迁，见证了杭州辉煌灿烂的历史。与人们一同世代繁衍生息，承载着一代又一代杭州人心灵深处最美好的记忆、最割舍不下的乡愁。

浙二医院古樟树，树龄110年

人民路江寺路口古樟树

编号 010931800004，三级

位于萧山区人民路与江寺路交叉口的古樟树，树龄162年，树高22m，胸围3.7m，两个成年人张开手臂也无法将树干合抱。这株古樟树亭亭如盖、树形优美，每年四五月开花之时，独有的清香格外迷人，到了秋天，还会结出紫黑色的小果子，分外惹人爱。

这株古樟树是萧山老城区的重要地标。它不仅见证了萧山老城区日新月异的变化，更承载着很多人的童年记忆，是这座城市不可替代的记忆。据说这棵古香樟早年生长在大户人家的院子里，20世纪50年代该区域被改造成了幼儿园，古香樟被划在了幼儿园围墙内。到了20世纪80年代中期，在人民路道路改造过程中，这株古香樟被人们保护了下来。

近年来，当地管理人员对这株古香樟开展了一系列养护复壮措施，经过精心养护，如今这株古樟树依然枝繁叶茂，生机勃勃，它将继续陪伴一代又一代的萧山人民。

人民路江寺路口古樟树，树龄162年

玛瑙寺古樟树

编号 018630600078，三级

　　这株古樟树位于杭州西湖风景名胜区连横纪念馆（玛瑙寺）内台湾自然环境厅前。该树高达23.3m，胸围达3.3m，经历百年沧桑变化，仍枝叶繁茂，郁郁葱葱。

　　连横纪念馆，位于北山街的玛瑙寺。玛瑙寺依山而筑，粉墙黛瓦，掩映在葱郁的古树中，是杭州西湖风景名胜区的一座古代著名佛寺。连横是前国民党主席连战的祖父，是台湾著名爱国诗人和史学家，被誉为"台湾文化第一人"。在日本殖民统治下，"生根台湾，心怀大陆"的连横努力发扬中华文化，他服膺孙中山领导的同盟会纲领，将光复台湾的希望寄托在祖国的复兴上，并参与了推翻清朝的斗争。著有《台湾语典》和《大陆诗草》等，并整理了《台湾通史》一书，声名远播。

　　这株绿荫匝地的古樟树，见证了连横先生在玛瑙寺生活的点点滴滴，留下了连氏家族共同的足迹。1926年春，连横与其夫人沈少云来到杭州，安家于玛瑙寺内，研究整理文史资料。夏季，其子连震东到此探亲居住，一家三口在古樟树下避暑纳凉，其乐融融，共享天伦。

　　2006年，前国民党主席连战来杭参访，连战携夫人及女儿、女婿，沿着祖父连横和父亲连震东的足迹，又一次踏进了杭州玛瑙寺的山门。

玛瑙寺古樟树，树龄160年

他们一进山门便看到这株古樟树，连战和夫人在古樟树前停留许久，他们知道，在八十多年前，上两代先人都曾在这棵参天大树下乘凉。连战说："连家四代都曾经在树下纳凉，时隔八十年，和家人一起又来到先人故居，非常非常亲切。"

　　连战对玛瑙寺的建筑及环境保护给予高度评价，并提出了将玛瑙寺建成海峡两岸文化交流平台的设想，立即得到大陆有关方面的积极响应。在各方的努力下，经两年时间，连横纪念馆（玛瑙寺）筹备建设完成。

　　如今，连横纪念馆（玛瑙寺）已是海峡两岸游客到西湖必游的景点之一，是海峡两岸人民共同"阅览"台湾的窗口，前来参观的大陆游客称这里是去台湾游览前的必做功课，台湾游客称这里是比台湾更了解台湾的地方。百年来，玛瑙寺古樟树像一位历史老人，见证了海峡两岸的密切交流，成为连结海峡两岸民间的亲情纽带。

陈云手植樟树 编号018600100174和018600100175，名木

云栖竹径位于西湖西南面的五云山麓云栖坞内，旧传山上常有五色瑞云留栖于此，故名曰"云栖"。此地古树参天，溪水潺潺，竹林丰茂，风景优美。老一辈国家领导人陈云同志十分喜欢这里，每到杭州必来此地休憩。他曾说"到杭州没去云栖就等于没有到杭州"，有一年竟来了七八次之多。

1985年春天，杭州评选新西湖十景，云栖竹径成为了新十景之一。为了给新十景增色，平时惜墨如金的陈云欣然答应了给云栖竹径题写景碑的要求，挥毫写下了苍劲潇洒的"云栖竹径"四个大字。1987年4月4日，82岁高龄的陈云同志来到云栖景区，和省市的干部群众一起参加植树。那天，他兴致勃勃地种下了三株一人多高的樟树。现在，这些樟树已是枝繁叶茂，在西湖风景区深深扎下了根。

1998年，这三棵樟树被确定为杭州市古树名木。2004年，陈云同志家人将当年陈云同志在云栖亲手种植的其中一株樟树带着杭州人民的眷恋和爱戴，移植到了上海陈云故居。另外的两棵，如今依然在陈云同志撰写的"云栖竹径"碑亭边，在云栖的竹海间，静默地守护着。

陈云同志亲手种植樟树，树龄35年

法相寺唐樟   编号018610500014，一级

　　法相寺唐樟，位于西湖风景名胜区三台山东麓，原法相寺旁，树龄1050年，因据树龄推算其于唐朝时所栽而得名，是杭州地区见于文献记载的树龄最大的古樟树。树高17m余，冠幅覆盖面积400多平方米，气势宏伟，粗大的树干分为两杈，朝南的已成空洞，而朝北的依然生机勃勃。千年古樟历经了千年的历史，阅尽了人世的变迁，似乎也像人进入暮年一般，弯腰垂背，备显沧桑，如今由金属支架支撑着，宛如一位老者拄着拐杖，伫立在山间。1986年起，唐樟被一级重点保护，筑平台、围石栏。保护至今，数经风雪、雷击，后增设钢架与避雷针。树旁原有樟亭，为近代著名诗人、国学大师陈寅恪之父陈三立集资所建，同时作有《樟亭记》："偃蹇荒谷墟莽间，雄奇伟异，为龙为虎，狎古今，傲宇宙，方有以震荡人心。"2003年，复建樟亭，今刻其《樟亭记》碑，以资纪念。

法相寺唐樟，树龄1050年

虎跑古樟树 编号018610100093，一级

西湖风景名胜区虎跑公园内古树奇石众多。据史料记载，在咸丰十一年间（1861）虎跑寺遭匪患被毁，寺毁后，两株五六百年树龄的樟树也同时枯萎，经历六年寒暑，突然于同治六年丁卯春重新恢复生机，枝叶繁茂，当时结茅在此的慧性和尚认为是重新创兴虎跑寺院的祥瑞之兆，故而又恢复寺庙景观并不断扩大。如今，旧寺庙不复存在，这株曾经枯而复生的樟树，几经风霜，依旧傲立于此，蔚然成观。

虎跑古樟树，树龄810年

杭州植物园古樟树 编号 018610400004，一级

　　这株古樟树位于西湖风景名胜区杭州植物园，树龄700年，为一级古树，位于盆栽园靠近植物园西门侧，树高18.7m，平均冠幅19.5m，胸围5m。树形雄伟壮观，四季常绿，树冠开展，枝叶繁茂，浓荫覆地。追溯至700年前，它依势而建的小山还有个响亮的名字"雷殿山"，据说是因为很早以前这里多次遭遇雷电的缘故。

杭州植物园古樟树，树龄700年

鹳山公园古樟树   编号011120100001，二级

鹳山公园坐落于富阳城东的富春江北岸，是富阳区著名的城市风景旅游公园，素有华东文化名山之美誉。这株古樟树就生长在鹳山公园内，树高16m，胸围3.45m，树龄310年，为二级古树。

沿鹳山西麓拾级而上，迎面有几仗高的平台临江屹立。这株古樟树就生长在平台中，其枝叶繁茂，遒劲挺拔，宛如一把巨伞遮掩住整座平台。游人站在古樟树下，凭栏眺望便是富春江美景，但见远处波光粼粼，重峦叠嶂，白帆点点，极具诗情画意。

说起这株古樟树，就不得不提到我国著名抗日英烈、现代文学史上著名的作家郁达夫。鹳山是郁达夫的故乡，幼时的郁达夫就常在这株古樟树下玩耍。成年后，他时常带朋友游览鹳山，欣赏富春江美景和这株葱茂参天的古樟树。在他的文学作品中亦多次提到这株古树。

20世纪30年代，恰逢郁达夫母亲七十岁寿诞，郁达夫和他的家人曾在古樟树下合影留念。郁达夫侄女、我国著名画家郁风在其出版的散文集《我的故乡》中记录了这件温馨的故事。她在文章中写道："在这里（古樟树下）拍过一张照片，坐在右角一带短栏上面的，除了我和一群弟妹以外，有父亲，三叔达夫和他带来的客人雷圭元、刘开渠等"。

通过郁达夫的文学作品，我们不难发现他对故乡古树的深深眷恋和对幼时生活的拳拳情思。如今，古樟树就在这里安静地生长，就好似郁达夫的那些文字一样，在时光的风吹雨打下，仍留有曾经的温柔韵味。

鹳山公园 古樟树，树龄310年

新安江毕家后村古樟树

编号018220100014，二级

在建德市新安江东入城口有一株远近闻名的古樟树，这株古樟树树龄400年，树高13m，胸围达到5.9m，3个成人才能环抱。"一草一木总关情"。这株古樟树是无数新安江人的精神家园，凝结着乡愁，寄托着游子最为浓烈的思乡之情。

这株古樟树原本生长在溪头社区毕家后村的小河边。2008年，经专家勘探发现，随着城市的发展，古樟树生长环境日益恶化，树根以下的地下水位不断升高，树根长期泡在水里导致局部烂根、枯枝、腐洞等现象。如不尽快进行保护，古樟树将面临死亡的威胁。

同时，为完善城市功能，方便广大市民，古樟树原来的栖身之地——毕家后地块将开展规划建设。一开始，有关部门原本打算采取建筑物避让古樟树的方式来进行开发和保护。根据后来的勘探结果，专家认为，采取避让方式原地保护这株古樟树并非最优方案，最好的办法是整体迁移并抬升，让古樟树活得更健康。

经过严密的筹备，古樟树于2008年4月28日正式开始移动，从新安江毕家后村向北平移74m，抬升3.5m，于5月6日下午成功移到了新"家"——新安江东入城口。搬进新"家"之后，又进行了两年的养护工作，大樟树不仅恢复了元气，而且枝繁叶茂、郁郁葱葱，鸟儿在枝叶之间跳跃欢叫，古樟树焕发出老树新枝的勃勃生机。

毕家后村古樟树，树龄400年

吴山古樟树

吴山俗称城隍山，是西湖群山中唯一切入市区的山。吴山以其独特的自然风貌与人文景观为世人所爱，是展示杭州灿烂历史文化和民俗风情的重要窗口。吴山古树资源丰富，陆游在《阅古泉记》中称吴山"缭以翠绿，覆以美荫"。现有古树名木73株，其中包括罕见的730年古樟树群落。

从城隍阁停车场登山，往左侧直走300m到了药王庙前，门口依次有4株樟树，四周设有石栏，树身四五个成年人都抱不拢。

沿药王庙往东继续走，便是原有美堂遗址。宋仁宗嘉祐二年（1057），梅挚任杭州太守，仁宗《赐梅挚知杭州》诗中曰："地有吴山美，东南第一州"。梅挚感激天子赐诗，在吴山建"有美堂"，并请欧阳修写《有美堂记》。文中有"独所谓有美堂者，山水登临之美，人物邑居之繁，一寓目而尽得之。盖钱塘兼天下之美，而斯堂者又尽得钱塘之美焉"的赞文。登上有美堂，面向东南，浩瀚的钱塘江就在眼前，还可以看见穿行的舟楫；面向西北，杭州城的万家灯火尽收眼底，很是壮观。

在有美堂前有3株古樟树，其中1株为"宋樟"，树龄730年，为一级古树。其树干高大，枝叶茂盛。据说宋朝人认为樟树长寿，寓意朝代千秋万代，所以特别喜爱种植樟树，这株古樟树便是在宋代种下，故而得名"宋樟"。

吴山天风古樟树，树龄730年

吴山药王庙古樟树,树龄730年

第五章 古树名木的历史与乡愁

吴山有美堂遗址宋樟，树龄730年

吴山瑜伽院古樟树，树龄730年

孔庙古樟树 编号 010210100001，一级

杭州孔庙（碑林）位于杭州市上城区府学巷8号。原为南宋临安府学所在地，始建于宋高宗绍兴元年（1131）。此后府学除焚毁重建或规模增扩外，至光绪三十一年（1905）废除科举制为止，一直是杭州的官办学府。1979年，浙江省、杭州市政府对孔庙全面整修，并利用孔庙收藏的大批古碑和历年来收集的各地佚散、发现的碑石，把杭州孔庙改建为杭州碑林。

杭州孔庙（碑林）内现保存3株古香樟，树龄分别为700年、150年、250年，高大苍劲的古樟树不但为场馆绿化景观起到提升效果，同时更增添了杭州孔庙整体环境古朴厚重的历史韵味，成为重点保护关注的对象。

古樟树在杭州孔庙历经了数百年的沧桑，如今依然苍劲挺拔，展现出顽强的生命力、百折不挠的风骨和自强不息的精神风貌，人们对它怀有一种难以割舍的情怀。

多年来，当地管理人员投入大量资金用于古香樟的保护和管理。自2008年孔庙复建开放以来，每年对三株古樟树开展整修、浇水、施肥、病虫害防治及防御恶劣天气等日常养护工作，时刻关注古樟树的生长状态，让古树名木"老有所养，老有所护"。

2008年、2011年、2014年和2022年，管理人员分别四次专题邀请园林专家对古樟树进行现场会诊并召开保护会议，提出复壮建议和实施复壮工程，通过扩大营养面积、更换优质土壤、改良排水环境等环环相扣的精细施工和细致管理，让古树再次焕发了生机活力，带领我们继续聆听700年前的故事。

孔庙古樟树，树龄700年

二、枫香 *Liquidambar formosana* Hance

科：金缕梅科　属：枫香属

资源分布

杭州市城区范围内共有枫香古树81株，占杭州市城区古树总量的6.51%，仅次于樟树。其中一级枫香古树11株（千年古枫香4株，均位于西湖风景名胜区云栖竹径），二级枫香古树14株，三级枫香古树56株。枫香古树分布在西湖风景名胜区数量最多，为75株，主要集中在云栖竹径和灵隐景区等地，其余6株位于临平区。

形态特征

落叶乔木，高可达30m，胸径最大可达1m，树皮灰褐色，方块状剥落；小枝干后灰色，被柔毛，略有皮孔；芽体卵形，长约1cm，略被微毛，鳞状苞片敷有树脂，干后棕黑色，有光泽。叶薄革质，阔卵形，掌状3裂，中央裂片较长，先端尾状渐尖；两侧裂片平展；基部心形；上面绿色，干后灰绿色，不发亮；下面有短柔毛，或变秃净仅在脉腋间有毛；掌状脉3~5条，在上下两面均显著，网脉明显可见；边缘有锯齿，齿尖有腺状突；叶柄长达11cm，常有短柔毛；托叶线形，游离，或略与叶柄连生，长1~1.4cm，红褐色，被毛，早落。

生长习性

性喜阳光，多生于平地、村落附近，以及低山的次生林。在海南岛常组成次生林的优势种，性耐火烧，萌生力极强。

应用价值

树脂供药用，能解毒止痛，止血生肌；根、叶及果实亦入药，有祛风除湿、通络活血功效。木材稍坚硬，可制家具及贵重商品的包装箱。

文化故事

飞来峰古枫香   编号018630200042和018630200043，均为三级

两株枫香位于西湖风景名胜区灵隐飞来峰景区玉液幽兰区域。其中一株枫香，树龄160年，高21.6m，胸径0.94m，冠幅15.25m。另一株枫香，树龄160年，高21.8m，胸径0.92m，冠幅10.65m。

这两株古树树干挺拔，树姿优美，并排立于青林洞前，树高、胸径、冠幅都惊人的相似，两株古枫香树冠交错，"枝枝相覆盖，叶叶相交通"，犹如情深义重的恩爱伉俪，交织缠绕，相依相伴，踏破时空，经历风霜，共同见证岁月和历史。

百余年前，因缘际会，两粒枫香种子在景区隽秀的山林间生根发芽。历经百年春秋，同浴日光月辉，共享风霜岁月。无论酷暑寒冬，不离不弃，成为彼此生命中不可或缺的部分。

百余年后，人们感念古树作为城市重要的历史文化资源，承载了杭城的历史和文化，是城市发展的积淀，是生态文明建设的见证，对古枫香采取了保护措施。同时，以"飞来寻踪"导赏为契机，在两株古枫香周边布置了园林景观小品，由今人向古树致敬。小品以两株古枫香为主景，采用盆景的艺术手法，设置了三组以花卉、苔藓等植物配置的对话框，以"古今对话"的形式，表现了古树古朴而厚重的姿态和绿色生态的理念，展现了岁月与四季、人与自然和谐共生的生动场景。

灵隐飞来峰古枫香（秋季效果），树龄160年

第五章 古树名木的历史与乡愁

灵隐飞来峰古枫香（夏季效果），树龄160年

三、银杏 *Ginkgo biloba* Linn.

科：银杏科　属：银杏属

资源分布

杭州市城区范围内共有银杏古树72株，占杭州市城区古树总量的5.80%，仅次于樟树和枫香。其中一级银杏古树9株（千年古银杏2株，分别位于景区五云山大殿前和上城区老浙大横路2-3号内），二级银杏古树8株，三级银杏古树55株。银杏古树分布在西湖风景名胜区数量最多，为35株，主要集中在灵隐景区、杭州植物园和云栖竹径等地。上城区次之，为18株，其余各区也均有分布，依次为拱墅区8株，临安区6株，滨江区2株，萧山区2株，西湖区1株。

形态特征

银杏为落叶大乔木。4月开花，10月果实成熟，种子具长梗，下垂，常为椭圆形、长倒卵形、卵圆形或近圆球形。外种皮肉质，被白粉，熟时黄色或橙黄色。

生长习性

银杏为喜光树种，深根性，对气候、土壤的适应性较宽，能在高温多雨及雨量稀少、冬季寒冷的地区生长，但生长缓慢或不良；能生于酸性土壤（pH4.5）、石灰性土壤（pH8）及中性土壤上，但不耐盐碱土及过湿的土壤。以生于海拔1000m（云南1500~2000m）以下，气候温暖湿润，年降水量700~1500mm，在土层深厚、肥沃湿润、排水良好的地区生长最好；在土壤瘠薄干燥、多石山、过度潮湿的地方均不能成活或生长不良。

应用价值

银杏为珍贵的用材树种，边材淡黄色，心材淡黄褐色，结构细，质轻软，富弹性，易加工，有光泽，比重0.45~0.48，不易开裂，不反挠，为优良木材，供建筑、家具、室内装饰、雕刻、绘图版等用。种子供食用及药用。叶可作药用和制杀虫剂，亦可作肥料。种子的肉质外种皮含白果酸、白果醇及白果酚，有毒。树皮含单宁。银杏树形优美，春夏季叶色嫩绿，秋季变成黄色，颇为美观，可作庭园树及行道树。

文化故事

五云山古银杏 编号018610100132，一级

说到西湖的银杏，就不得不提五云山顶那棵千年古银杏。它是杭州市现存最古老的银杏树，树龄已经1410年。被誉为"杭州第一古树"。

五云山，是西湖群山中的第三座大山，北接郎当岭，南濒钱塘江，东瞰九溪山谷，西邻云栖坞，海拔334.7m。相传山顶常有五色瑞云盘旋其上，经过时不会散去，因此得名。1955年，毛主席在登五云山时曾留下七绝一首："五云山上五云飞，远接群峰近拂堤。若问杭州何处好，此中听得野莺啼。"从云栖竹径出发，经过一个小时的攀登，就到了五云山顶。这棵老银杏，它静静地矗立在五云山顶，观西湖沧海桑田，看钱塘江潮起潮落。

这株古银杏历经磨难，曾多次遭到雷击和火烧。20世纪70年代，曾被闪电击中引燃树身，火光冲天，当时人们都认为它必死无疑。没想到，来年春天，它竟然长出了新芽。这次劫后重生，使人们越加珍爱这株古树，为了保护它，当地的管理部门在其树干周围立起了围栏。目前，这株古银杏胸围10.18m；主干中空，可容纳两人并立；树高近24m，枝干遒劲，树冠亭亭如盖，曾获得"全国百株人文古树"、"杭州最美古树"、"浙江省十大最美古银杏"等称号。

五云山古银杏，杭州最年长的古树，树龄1410年

五云山古银杏，杭州最年长的古树，树龄1410年

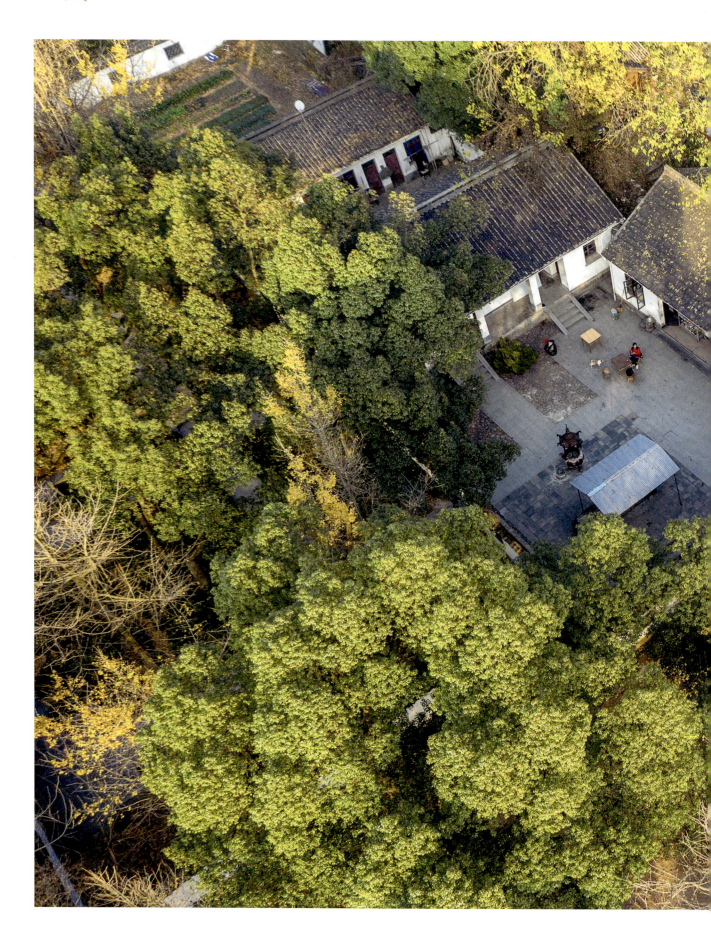

第五章 古树名木的历史与乡愁

五云山古银杏，杭州最年长的古树，树龄1410年

苕溪银杏古树群

苕溪是临安的母亲河，2014年区政府对苕溪北街景观进行分段性改造提升，古树群位于苕溪北街与万马路交叉口向西100m处，由6棵银杏古树组成，树龄都在100年以上，高约12m，冠幅在3~5m，胸径50cm以上，像天上星星落到了人间，与母亲河苕溪来一次千年之约，她们聚集又分散，彼此守望相助又亲密无间，担负起属于她们传承绿色根脉的使命，坚定而勇毅，踔厉而奋发。

根据杭州市园林文物局和绿化发展中心的要求，当地管理单位在2022年对6棵古树进行了复壮提升，按照现场踏勘情况，拓展了地下生长空间，对树洞进行填充修复，增加排水管、透水管、透气管、复壮沟等措施，对枯枝适当修剪，增加树冠投影范围内的土壤取样检测，依据检测报告针对性做了土壤改良。强化后期管养计划，派专人跟踪养护管理，并做好相应观察记录。

临安苕溪河畔的银杏古树群，树龄100年

四、二球悬铃木 *Platanus acerifolia* Willd.

科：悬铃木科　**属**：悬铃木属

资源分布

杭州市城区范围内共有二球悬铃木古树62株，分布在西湖风景名胜区北山街沿线，均为三级古树。

形态特征

落叶大乔木，高30余米，树皮光滑，大片块状脱落；嫩枝密生灰黄色茸毛；老枝秃净，红褐色。叶阔卵形，宽12~25cm，长10~24cm，上下两面嫩时有灰黄色毛被，下面的毛被更厚而密，以后变秃净，仅在背脉腋内有毛；基部截形或微心形，上部掌状5裂，有时7裂或3裂；中央裂片阔三角形，宽度与长度约相等；裂片全缘或有1~2个粗大锯齿；掌状脉3条，稀为5条，常离基部数毫米，或为基出；叶柄长3~10cm，密生黄褐色毛被；托叶中等大，长1~1.5cm，基部鞘状，上部开裂。花通常4数；雄花的萼片卵形，被毛；花瓣矩圆形，长为萼片的2倍；雄蕊比花瓣长，盾形药隔有毛。果枝有头状果序1~2个，稀为3个，常下垂；头状果序直径约2.5cm，宿存花柱长2~3mm，刺状，坚果之间无突出的茸毛，或有极短的毛。

生长习性

习性喜光，不耐阴。喜温暖湿润气候，在年平均气温13~20℃、降水量800~1200mm的地区生长良好，对土壤要求不严，耐干旱、瘠薄，亦耐湿。根系浅，易风倒，萌芽力强，耐修剪。

应用价值

叶大荫浓，干皮光滑，适应性强，为世界行道树和庭园树，被誉为"行道树之王"；其所含的部分化学成分具有一定的生理活性，可用于医疗及增强免疫力；鲜叶可作食用菌培养基、肥料，也可作供牲畜食用的粗饲料，枯叶可作治虫烟雾剂的供热剂原料。

文化故事：

杭州西湖景区北山街两边的62株二球悬铃木，在2021年被认定为杭州市新增古树，加上原有的古樟树、古银杏和古楸树等，构成了杭州唯一的"古树一条街"。二球悬铃木夏季枝叶繁茂，深秋落叶缥缈，是杭州的一道美丽风景线。

杭州城区 古树名木

"古树一条街"北山街的古二球悬铃木，树龄100年

第五章 古树名木的历史与乡愁

"古树一条街"北山街的古二球悬铃木,树龄100年

五、珊瑚朴 *Celtis julianae* Schneid.

科：榆科　属：朴属

资源分布

杭州市城区范围内共有珊瑚朴古树48株，其中一级古树1株（位于吴山景区药王庙附近），三级古树47株。珊瑚朴古树分布在西湖风景名胜区数量最多，为46株，主要集中在灵隐景区、浙江大学之江校区和吴山景区等地，其余有2株位于上城区。

形态特征

落叶乔木，高达30m，树皮淡灰色至深灰色；当年生小枝、叶柄、果柄老后深褐色，密生褐黄色茸毛，去年生小枝色更深，毛常脱净，毛孔不十分明显；冬芽褐棕色，内鳞片有红棕色柔毛。叶厚纸质，宽卵形至尖卵状椭圆形，长6~12cm，宽3.5~8cm，基部近圆形或两侧稍不对称，一侧圆形，一侧宽楔形，先端具突然收缩的短渐尖至尾尖，叶面粗糙至稍粗糙，叶背密生短柔毛，近全缘至上部以上具浅钝齿；叶柄长7~15mm，较粗壮；萌发枝上的叶面具短糙毛，叶背在短柔毛中也夹有短糙毛。果单生叶腋，果梗粗壮，长1~3cm，果椭圆形至近球形，长10~12mm，金黄色至橙黄色；核乳白色，倒卵形至倒宽卵形，长7~9mm，上部有2条较明显的肋，两侧或仅下部稍压扁，基部尖至略钝，表面略

灵隐入口处西侧溪旁的古珊瑚朴，树龄200年

吴山伍公庙外的古珊瑚朴，树龄130年

有网孔状凹陷。花期3~4月，果期9~10月。

生长习性

喜光，略耐阴；适应性强，不择土壤，耐寒，耐旱，耐水湿和瘠薄；深根性，抗风力强；抗污染力强。

应用价值

可供家具、农具、建筑、薪炭用材；其树皮含纤维，可作人造棉、造纸等原料；果核可榨油，供制皂、润滑油用。

灵隐入口处西侧溪旁的古珊瑚朴，树龄200年

六、苦槠 *Castanopsis sclerophylla* (Lindl.) Schott.

科：壳斗科　属：栲属

资源分布

杭州市城区范围内共有苦槠古树31株，均在西湖风景名胜区，分布于杭州植物园、灵隐景区、云栖竹径、梅家坞等地，其中一级古树7株，二级古树11株，三级古树13株。

杭州植物园玉泉外的古苦槠，树龄130年

形态特征

乔木,高5~10m,稀达15m,胸径30~50cm,树皮浅纵裂,片状剥落,小枝灰色,散生皮孔,当年生枝红褐色,略具棱,枝、叶均无毛。叶二列,叶片革质,长椭圆形、卵状椭圆形或兼有倒卵状椭圆形,长7~15cm,宽3~6cm,顶部渐尖或骤狭急尖,短尾状,基部近于圆或宽楔形,通常一侧略短且偏斜,叶缘在中部以上有锯齿状锐齿,很少兼有全缘叶,中脉在叶面至少下半段微凸起,上半段微凹陷,支脉明显或甚纤细,成长叶叶背淡银灰色;叶柄长1.5~2.5cm。花序轴无毛,雄穗状花序通常单穗腋生,雄蕊10~12枚;雌花序长达15cm。果序长8~15cm,壳斗有坚果1个,偶有2~3,圆球形或半圆球形,全包或包着坚果的大部分,径12~15mm,壳壁厚1mm以内,不规则瓣状爆裂,小苞片鳞片状,大部分退化并横向连生成脊肋状圆环,或仅基部连生,呈环带状突起,外壁被黄棕色微柔毛;坚果近圆球形,径10~14mm,顶部短尖,被短伏毛,果脐位于坚果的底部,宽7~9mm,子叶平凸,有涩味。花期4~5月,果当年10~11月成熟。

生长习性

在长江中下游以南各地(不包括西南地区和五岭南坡以南)海拔1000m以下深厚、湿润的中性和酸性土壤上生长较为适宜。

应用价值

常绿乔木,树冠浓密,圆球形,观赏价值很高,可用于园林绿化。苦槠树叶为厚革质,兼有防风、避火作用,鲜叶可耐425℃的着火温度,还是很好的防火树种之一。苦槠果实的外表与板栗类似,种仁富含淀粉,浸水脱涩后可制成苦槠粉,进一步加工可制成苦槠豆腐、苦槠粉丝、苦槠粉皮、苦槠糕,是防暑降温的佳品。苦槠木材浅黄色或黄白色。结构致密、纹理直,富有弹性,耐湿抗腐,是建筑、桥梁、家具、运动器材、农具及机械等的上等用材。

灵隐寺东门外茶地古苦槠(左)和古樟树(右),树龄均为500年

文化故事

梅家坞古苦槠 编号018611100023，一级

苦槠是常绿阔叶乔木，叶革质，木材坚硬，富弹性，用途广泛。

杭州最古老的单株苦槠是位于西湖风景名胜区梅家坞村村口的树龄825年的苦槠。五代吴越王在云栖建寺，一梅姓人家便在寺外三里的坞内安家，后逐步扩大宗族村落称之为梅家坞，到了宋代以后，穿越梅家坞的十里琅珰已成为经商要道。当时梅家坞村相继迁入了翁、朱、孙、徐四姓家族，其中朱姓人家是从富阳鸡笼山一带迁来这里，村口的这株古苦槠树就是当年朱姓人家为纪念富阳祖先而种下。

苍老的苦槠树，默默地养育着一方百姓。涩涩的苦槠果实，混合着漫长时光中故土、乡亲、念旧、勤俭、坚韧等情绪，成为人们永恒的记忆。

梅家坞的古苦槠，树龄825年

七、朴树 *Celtis sinensis* Pers.

科：榆科　**属**：朴属

资源分布

杭州市城区范围内共有朴树古树26株，其中二级古树2株，三级古树24株。朴树古树在西湖风景名胜区分布数量最多，为19株，另有4株位于上城区，拱墅区、临平区和富阳区也各有1株。

形态特征

落叶乔木，高可达20m。树皮平滑，灰色。一年生枝被密毛。叶互生，革质，宽卵形至狭卵形，长3~10cm，宽1.5~4cm。花杂性（两性花和单性花同株），1~3朵生于当年枝的叶腋。核果单生或2个并生，近球形，熟时红褐色，果核有穴和突肋。

生长习性

适应力较强，喜光，稍耐阴，耐寒，对土壤要求不严，耐轻度盐碱，以土层深厚、肥沃的黏质土壤为最佳。

应用价值

可作行道树，对二氧化硫、氯气等有毒气体的抗性强；茎皮为造纸和人造棉原料；果实榨油作润滑油；木材坚硬，可供工业用材；根、皮、叶入药有消肿止痛、解毒止热的功效，外敷治水火烫伤；叶制土农药，可杀红蜘蛛。

第五章 古树名木的历史与乡愁

南山路189号旁的古朴树，树龄100年

文化故事

柳浪闻莺古朴树 编号018620800053，二级

在柳浪闻莺内，有一处丁鹤年墓亭。丁鹤年是元末明初著名的诗人和养生家，他创办了老字号"鹤年堂"，又写下了诗篇《丁鹤年集》。他是一位著名孝子，被誉为明初十大孝子之一。在他73岁高龄时开始为其母守灵长达17年，直到他90岁去世。在他去世后，被埋葬在风景如画的柳浪闻莺公园内，在他的墓亭边，矗立着一株树龄400多年的古朴树，这株朴树，树高10m，胸围2.9m，冠幅12.5m，属于二级古树。枝繁叶茂，古朴苍劲，映衬着墓亭久远的历史。

在中华人民共和国成立前，因为各种破坏，历史悠久的柳浪闻莺公园，只剩下一座牌坊、一块景名碑石、一座石亭和那一株老朴树。随着新中国的建立，柳浪闻莺公园经过长达70年的整治改造，又逐步恢复到了它原本的面貌。而丁鹤年墓亭旁的这株古朴树正是柳浪闻莺公园历经沧桑、历史变迁的完美见证者。

丁鹤年墓旁的古朴树，树龄400年

八、木樨 *Osmanthus fragrans* (Thunb.) Lour.

科：木樨科　属：木樨属

资源分布

杭州市城区范围内共有木樨古树21株，均为三级古树，其中有20株位于西湖风景名胜区，分布于孤山文澜阁、虎跑公园、中山公园和净寺等地，其余1株位于富阳区。

形态特征

桂花是中国木樨属众多树木的习称，代表物种木樨（学名：*Osmanthus fragrans*（Thunb.）Lour.），又名岩桂，系木樨科常绿灌木或小乔木，质坚皮薄。叶长椭圆形，先端尖，对生，经冬不凋。花生叶腋间，花冠合瓣4裂，形小，其园艺品种繁多，最具代表性的有金桂、银桂、丹桂、四季桂等。

生长习性

适应在亚热带气候中生长，喜欢湿润温暖的地方。在土层深厚、排水性能良好的肥沃偏酸性的土壤中扎根。喜爱阳光，喜爱洁净通风的地方，较耐寒，怕淹涝积水。

富阳恩波公园北侧的古木樨，树龄140年

应用价值

是中国传统十大名花之一,也是杭州市市树。是集绿化、美化、香化于一体的观赏与实用兼备的优良园林树种,桂花清可绝尘,浓能远溢,堪称一绝。尤其是仲秋时节,丛桂怒放,夜静轮圆之际,把酒赏桂,陈香扑鼻,令人神清气爽。在中国古代的咏花诗词中,咏桂之作的数量也颇为可观。自古就深受中国人民的喜爱,被视为传统名花。

文化故事

在杭州,桂花历来被文人墨客所推崇,唐代诗人宋之问的诗篇《灵隐寺》有"桂子月中落,天香云外飘"的名句。另一位唐代诗人,杭州的"老市长"白居易在他晚年回忆江南的美好生活时,就写有《忆江南》:"山寺月中寻桂子,郡亭枕上看潮头,何日更重游。"可见白居易把"寻桂子"当成人

孤山文澜阁内的两株古木樨,树龄250年(何振峻 摄)

孤山文澜阁内的两株古木樨，树龄250年（何振峻 摄）

生的一桩乐事。

明代文学家高濂的笔记《四时幽赏录》中有记载："桂花最盛处唯南山，龙井为多，而地名满家弄者，其林若墉若栉。"可见从明代以来，西湖景区南部的南山、龙井、满觉陇等地就普遍栽有桂花。现代作家郁达夫作品《迟桂花》中的故事就发生在西湖边的烟霞洞。

杭州人喜欢用桂花来制作美食。比如桂花酒、桂花糕、糖桂花、桂花羹等。1983年，木樨被认定为杭州市市树。

其他百年桂花古树，大多分布在西湖风景名胜区北面，中山公园有5株，孤山2株，北山路葛岭1株。在清代，孤山、中山公园一带，原是康熙、乾隆皇帝下江南时所居住的行宫，其中孤山南麓文澜阁内的两株古桂花树龄已达250年，以此推算，恰是乾隆下江南时期在行宫所种植。

九、广玉兰 *Magnolia grandiflora* Linn.

科：木兰科　属：木兰属

资源分布

杭州市城区范围内共有广玉兰古树16株，均为三级古树，其中有13株位于西湖风景名胜区，分布于柳浪闻莺、蒋庄和孤山等地，其余3株位于上城区。

形态特征

原产地高达30m；树皮淡褐色或灰色，薄鳞片状开裂；小枝粗壮。叶厚革质，椭圆形、长圆状椭圆形或倒卵状椭圆形，叶面深绿色，有光泽。花白色，有芳香，直径15~20cm；花被片9~12，厚肉质，倒卵形，长6~10cm，宽5~7cm。聚合果圆柱状长圆形或卵圆形，蓇葖背裂，背面圆，顶端外侧具长喙；种子近卵圆形或卵形，长约14mm，径约6mm，外种皮红色，除去外种皮的种子，顶端延长成短颈。花期5~6月，果期9~10月。

生长习性

适生于湿润肥沃土壤，对二氧化硫、氯气、氟化氢等有毒气体抗性较强；也耐烟尘。

应用价值

花大，白色，状如荷花，芳香，为美丽的庭园绿化观赏树种，木材黄白色，材质坚重，可供装饰材用。

文化故事

蒋庄古广玉兰　编号018630500037和018630500038，均为三级

两株古广玉兰位于西湖风景名胜区花港观鱼公园内蒋庄（马一浮纪念馆）主楼正门口，两株古树树龄均100年，为当年建庄遗物。两树南望小南湖，树干挺拔，枝丫交错，与院内两株金桂有隐喻"金玉满堂"之佳意。当年马一浮老先生对这两株玉兰尤为喜爱，现楼内楹联款："宅畔拓三弓，养志犹惭，胜地烟云姿供忆；径开来二仲，清时有待，名湖风月任淹留。"更是将它们比喻为二仲。"二仲"一词出自汉代典故，泛指廉洁隐退之士。马老将两树与人相喻，也表达了自己淡泊名利、清廉求真、专心治学的态度。古树见证了文化的传播和髦戏老人的相守。岁月使其苍劲挺拔，根盘虬错，老少同堂。如今树干落地簇生的小树也枝叶峥嵘，有如文化落地生根，流芳溢彩。

第五章 古树名木的历史与乡愁

花港观鱼公园内蒋庄的古广玉兰，树龄100年

十、浙江楠 *Phoebe chekiangensis* C. B. Shang

科：樟科　属：桢楠属

资源分布

杭州市城区范围内共有浙江楠古树14株，均为三级古树，全部位于西湖风景名胜区云栖竹径。

形态特征

大乔木，树干通直，高达20m，胸径达50cm；树皮淡褐黄色，薄片状脱落，具明显的褐色皮孔。小枝有棱，密被黄褐色或灰黑色柔毛或茸毛。叶革质，倒卵状椭圆形或倒卵状披针形，少为披针形，长7~17cm，宽3~7cm，先端突渐尖或长渐尖，基部楔形或近圆形，上面初时有毛，后变无毛或完全无毛，下面被灰褐色柔毛，脉上被长柔毛，中、侧脉上面下陷，侧脉每边8~10条，横脉及小脉多而密，下面明显；叶柄长1~1.5cm，密被黄褐色茸毛或柔毛。圆锥花序长5~10cm，密被黄褐色茸毛；花长约4mm，花梗长2~3mm；花被片卵形，两面被毛，第一、二轮花丝疏被灰白色长柔毛，第三轮密被灰白色长柔毛，退化雄蕊箭头形，被毛；子房卵形，无毛，花柱细，直或弯，柱头盘状。果椭圆状卵形，长1.2~1.5cm，熟时外被白粉；宿存花被片革质，紧贴。种子两侧不等，多胚性。花期4~5月，果期9~10月。

云栖入口处的古浙江楠，树龄110年（江志清 摄）

生长习性

分布于丘陵低山沟谷地或山坡林内。分布区普遍气候特点是温暖湿润，土壤为红壤。

应用价值

树干通直，材质坚硬，可作建筑、家具等用材。树身高大，枝条粗壮，斜伸，雄伟壮观，叶四季青翠，可作绿化树种。

文化故事

西汉思想家陆贾在其著作《新语资质》一文中提到："夫梗柟豫章，天下之名木也"。其中的天下名木"柟"便是指楠木。

在浙江，有一种楠木被命名为"浙江楠"，是少数用"浙江"来命名的树种之一。20世纪60年代，由植物分类学家向其柏教授在浙江天目山、龙塘山首次发现并定名。浙江楠因其木材纹理清晰，坚韧致密，刨面光泽亮丽、清香淡雅，自古便被人们用来建造宫殿、寺庙等建筑。具有非常重要的文化价值。

浙江楠生长缓慢，木材珍贵，经过历史上人们的长期砍伐，到了现代，种群数量日渐减少。1999年8月4日，国务院批准公布的《国家重点保护野生植物名录》（第一批），将浙江楠列为国家二级保护的珍贵稀有物种。

云栖浙江楠古树群，树龄110年

十一、糙叶树 *Aphananthe aspera* (Thunb.) Planch.

科：榆科　属：糙叶树属

资源分布

杭州市城区范围内共有糙叶树古树11株，均为三级古树，其中有10株位于西湖风景名胜区，分布于云栖竹径、杭州植物园、中山公园、六和塔等地，其余1株位于拱墅区。

形态特征

落叶乔木，高达25m，胸径达50cm，稀灌木状。树皮带褐色或灰褐色，有灰色斑纹，纵裂，粗糙。当年生枝黄绿色，疏生细伏毛，一年生枝红褐色，毛脱落，老枝灰褐色，皮孔明显，圆形。叶纸质，卵形或卵状椭圆形，长5~10cm，宽3~5cm，先端渐尖或长渐尖，基部宽楔形或浅心形，有的稍偏斜，边缘锯齿有尾状尖头，基部三出脉，其侧生的一对直伸达叶的中部边缘，侧脉6~10对，近平行地斜直伸达齿尖，叶背疏生细伏毛，叶面被刚伏毛，粗糙；叶柄长5~15mm，被细伏毛；托叶膜质，条形，

杭州植物园山水园的古糙叶树，树龄120年

六和塔入口东侧古糙叶树，树龄100年（张红梅 摄）

长5~8mm。雄聚伞花序生于新枝的下部叶腋，雄花被裂片倒卵状圆形，内凹陷呈盔状，长约1.5mm，中央有一簇毛；雌花单生于新枝的上部叶腋，花被裂片条状披针形，长约2mm，子房被毛。核果近球形、椭圆形或卵状球形，长8~13mm，直径6~9mm，由绿变黑，被细伏毛，具宿存的花被和柱头，果梗长5~10mm，疏被细伏毛。花期3~5月，果期8~10月。

生长习性

喜光也耐阴，喜温暖湿润的气候和深厚肥沃砂质壤土。对土壤要求不严，但不耐干旱瘠薄，常生长在村边、河边、林中、路边、丘陵、山谷、山坡、石地、向阳林缘。

应用价值

枝皮纤维供制人造棉、绳索用；木材坚硬细密，不易折裂，可供制家具、农具和建筑用；叶可作马饲料，干叶面粗糙，供铜、锡和牙角器等摩擦用。

耶稣堂弄外的古糙叶树，树龄120年

十二、黄连木 *Pistacia chinensis* Bunge

科：漆树科　属：黄连木属

资源分布

杭州市城区范围内共有黄连木古树13株，其中一级古树2株，二级古树3株，三级古树8株。黄连木古树分布在西湖风景名胜区数量最多，为12株，主要集中在孤山、吴山景区和灵隐景区等地，其余1株位于临平区。

形态特征

落叶乔木，高可达20余米。树干扭曲，树皮暗褐色，呈鳞片状剥落，幼枝灰棕色，具细小皮孔，疏被微柔毛或近无毛。奇数羽状复叶互生，有小叶5~6对，叶轴具条纹，被微柔毛，叶柄上面平，被微柔毛；小叶对生或近对生，纸质，披针形或卵状披针形或线状披针形，长5~10cm，宽1.5~2.5cm，先端渐尖或长渐尖，基部偏斜，全缘，两面沿中脉和侧脉被卷曲微柔毛或近无毛，侧脉和细脉两面突起；小叶柄长1~2mm。花单性异株，先花后叶，圆锥花序腋生，雄花序排列紧密，长6~7cm，雌花序排列疏松，长15~20cm，均被微柔毛；花小，花梗长约1mm，被微柔毛；苞片披针形或狭披针形，内凹，长1.5~2mm，外面被微柔毛，边缘具睫毛；雄花：花被片2~4，披针形或线状披针形，大小不等，长1~1.5mm，边缘具睫毛；雄蕊3~5，花丝极短，长不到0.5mm，花药长圆形，大，长约2mm；雌蕊缺；雌花：花被片7~9，大小不等，长0.7~1.5mm，宽0.5~0.7mm，外面2~4片远较狭，披针形或线状披针形，外面被柔毛，边缘具睫毛，里面5片卵形或长圆形，外面无毛，边缘具睫毛；不育雄蕊缺；子房球形，无毛，径约0.5mm，花柱极短，柱头3，厚，肉质，红色。核果倒卵状球形，略压扁，径约5mm，成熟时紫红色，干后具纵向细条纹，先端细尖。

生长习性

喜光，幼时稍耐阴；喜温暖，畏严寒；耐干旱瘠薄，对土壤要求不严，微酸性、中性和微碱性的砂质、黏质土均能适应，而以在肥沃、湿润而排水良好的石灰岩山地生长最好。深根性，主根发达，抗风力强；萌芽力强。

应用价值

木材鲜黄色，可提黄色染料，材质坚硬致密，可供家具和细工用材。种子榨油可作润滑油或制皂。幼叶可充蔬菜，并可代茶。

文化故事

灵隐寺古黄连木
编号018620200018，二级

　　位于灵隐景区翠薇园门前的古黄连木，树龄300年，为二级古树。2017年被评为最美古树。黄连木不仅珍稀，更是尊师重教的象征。

　　相传儒家创始人孔子有三千弟子，其中最贤达的有72人，这当中有个叫子贡的学生，被列为孔门十哲之一。他思维敏捷，善于雄辩，且办事通达，曾任鲁国、卫国的丞相。他还善于经商，是当时众多弟子中最有钱的人，后世尊他为财神。

　　孔子去世之后，子贡伤心欲绝，他从南方带回那边特有的树种楷树回到孔子老家曲阜，亲手将楷树种植于孔子的墓地旁，后来子贡为孔子守墓六年。日后这株楷树长成为参天大树，孔林之中现在还有"子贡手植楷"的碑文。子贡种下的楷树其实就是黄连木的别名。因人们赞美其树干疏而不曲，刚直挺拔，又叹服子贡高尚的尊师品德，所以黄连木自古是尊师重教的象征。

灵隐翠薇园前古黄连木，树龄300年

十三、麻栎 Quercus acutissima Carr.

科：壳斗科　属：栎属

资源分布

杭州市城区范围内共有麻栎古树13株，均为三级古树，分布在西湖风景名胜区灵隐玉液幽兰林地、法相寺、连横纪念馆等地。

形态特征

落叶乔木，高可达30m，胸径可达1m，树皮深灰褐色，深纵裂。幼枝被灰黄色柔毛，后渐脱落，老时灰黄色，具淡黄色皮孔。冬芽圆锥形，被柔毛。叶片形态多样，通常为长椭圆状披针形，长8~19cm，宽2~6cm，顶端长渐尖，基部圆形或宽楔形，叶缘有刺芒状锯齿，叶片两面同色，幼时被柔毛，老时无毛或叶背面脉上有柔毛，侧脉每边13~18条；叶柄长1~3（~5）cm，幼时被柔毛，后渐脱落。雄花序常数个集生于当年生枝下部叶腋，有花1~3朵。壳斗杯形，包着坚果约1/2，连小苞片直径2~4cm，高约1.5cm；小苞片钻形或扁条形，向外反曲，被灰白色茸毛。坚果卵形或椭圆形，直径1.5~2cm，高1.7~2.2cm，顶端圆形，果脐突起。花期3~4月，果期翌年9~10月。

生长习性

喜光，深根性，对土壤条件要求不严，耐干旱、瘠薄，亦耐寒、耐旱；宜酸性土壤，亦适石灰岩钙质土，是荒山瘠地造林的先锋树种。

应用价值

木材为环孔材，边材淡红褐色，心材红褐色，材质坚硬，纹理直或斜，耐腐朽，气干易翘裂；供枕木、坑木、桥梁、地板等用材；叶含蛋白质13.58%，可饲柞蚕；种子含淀粉56.4%，可作饲料和工业用淀粉；壳斗、树皮可提取栲胶。

文化故事：

麻栎是壳斗科栎属落叶乔木。其栽培历史悠久，早在先秦以前，人们就把麻栎树视为圣树、社树。在举行祭祀活动时，人们会在麻栎树下载歌载舞，因此麻栎树就成为音乐的象征。根据《诗经·晨风》记载："山有苞栎，隰有六驳。未见君子，忧心靡乐。如何如何，忘我实多！"在这首妻子思念丈夫的诗歌中提到的"山有苞栎"便是指漫山遍野的麻栎树。

人们食用麻栎果实的历史可以追溯到农耕文明前，当时人们不懂得种植庄稼和饲养家畜，主要靠采食天然的植物果实为生。《庄子·盗跖》说上古之民"昼拾橡栗，暮栖木上"，这里的橡栗就是麻栎子。浙江一带的河姆渡文明就把麻栎子当做口粮之一。然而，由于麻栎子味道微苦，人们只在饥荒时期才食用麻栎子充饥。唐代安史之乱时，诗人杜甫逃难到甘肃，一家老小在山中捡拾栎子为生，杜甫也写下了苦闷的诗句："岁拾橡栗随狙公，天寒日暮山谷里。"

第五章 古树名木的历史与乡愁

灵隐玉液幽兰古麻栎，树龄100年

十四、罗汉松 *Podocarpus macrophyllus* (Thunb.) D.Don

科：罗汉松科　　属：罗汉松属

资源分布

杭州市城区范围内共有罗汉松古树12株，均在西湖风景名胜区，分布于杭州植物园、汪庄和灵隐景区等地。其中一级古树1株，三级古树11株，树龄最大的1株为525年，位于灵隐寺济公殿前。

形态特征

乔木，高达20m，胸径达60cm；树皮灰色或灰褐色，浅纵裂，呈薄片状脱落；枝开展或斜展，较密。叶螺旋状着生，条状披针形，微弯，长7~12cm，宽7~10mm，先端尖，基部楔形，上面深绿色，有光泽，中脉显著隆起，下面带白色、灰绿色或淡绿色，中脉微隆起。雄球花穗状、腋生，常3~5个簇生于极短的总梗上，长3~5cm，基部有数枚三角状苞片；雌球花单生叶腋，有梗，基部有少数苞片。种子卵圆形，径约1cm，先端圆，熟时肉质假种皮紫黑色，有白粉，种托肉质圆柱形，红色或紫红色，柄长1~1.5cm。花期4~5月，种子8~9月成熟。

生长习性

喜温暖湿润气候，生长适温15~28℃。耐寒性弱，耐阴性强。喜排水良好湿润的砂质壤土，对土壤适应性强，盐碱土上亦能生存。

应用价值

材质细致均匀，易加工。可作家具、器具、文具及农具等用。

文化故事

灵隐寺古罗汉松　　编号018610200050，一级

罗汉松，因其果实成熟时宛如披着袈裟打坐参禅的罗汉，故而得名。在佛教故事中，自古就有十八罗汉和五百罗汉之说，每个罗汉形态各异，各不相同。南宋年间，临安（今杭州）有一位鞋儿破，帽儿破，身上袈裟破，貌似疯癫的得道高僧济公和尚。他不受戒律拘束，嗜好酒肉，举止似痴若狂，为人却又行善积德，学识渊博，爱打抱不平。相传济公诞生时正好碰上国清寺罗汉堂里的第十七尊罗汉（即降龙罗汉）突然倾倒，于是人们便把济公说成是降龙罗汉投胎。济公和尚弱冠时在国清寺出家，后又来到著名的千年古刹灵隐寺居住。

因罗汉松四季青翠，枝干苍劲古朴，所以被广泛种植于寺院之中。如今，在千年古刹灵隐寺济公殿前就有一株罗汉松古树，这株罗汉松树高14m，胸围1.93m，冠幅9.8m，树龄已达到525年。

第五章 古树名木的历史与乡愁

灵隐寺济公殿前古罗汉松，树龄525年

121

十五、槐树 *Sophora japonica* (Dum-Cour.) Linn.

科：豆科　属：槐属

资源分布

杭州市城区范围内共有槐树古树12株，均在西湖风景名胜区，分布于云栖竹径、吴山景区、法相寺、孤山等地，其中二级古树2株，三级古树10株。

形态特征

圆锥花序顶生，常呈金字塔形，长达30cm；花梗比花萼短；小苞片2枚，形似小托叶；花萼浅钟状，长约4mm，萼齿5，近等大，圆形或钝三角形，被灰白色短柔毛，萼管近无毛；花冠白色或淡黄色，旗瓣近圆形，长和宽约11mm，具短柄，有紫色脉纹，先端微缺，基部浅心形，翼瓣卵状长圆形，长10mm，宽4mm，先端浑圆，基部斜戟形，无皱褶，龙骨瓣阔卵状长圆形，与翼瓣等长，宽达6mm；雄蕊近分离，宿存；子房近无毛。荚果串珠状，长2.5~5cm或稍长，径约10mm，种子间缢缩不明显，种子排列较紧密，具肉质果皮，成熟后不开裂，具种子1~6粒；种子卵球形，淡黄绿色，干后黑褐色。花期6~7月，果期8~10月。

生长习性

喜光而稍耐阴，能适应较冷气候，根深而发达；对土壤要求不严，在酸性至石灰性及轻度盐碱土条件下都能正常生长；抗风，也耐干旱、瘠薄，能适应城市土壤板结等不良环境条件。

应用价值

树冠优美，花芳香，是行道树和优良的蜜源植物；花和荚果入药，有清凉收敛、止血降压作用；叶和根皮有清热解毒作用，可治疗疮毒；木材供建筑用。本种由于生境不同，或由于人工选育结果，形态多变，产生许多变种和变型。

文化故事

槐树，在我国古代文化中享有崇高的地位，是所有植物中"职位"最高的树。槐树早在周代已成为朝廷最高官"三公"的象征。据《周礼·秋官司寇·朝士》记载："朝士掌建邦外朝之法，左九棘，孤、卿、大夫位焉，群士在其后。右九棘，公、侯、伯、子、男位焉，群吏在其后。面三槐，三公位焉，……"

唐代开始，科举考试关乎读书士子的功名利禄、荣华富贵，能借此阶梯而上，博得三公之位，是他们的最高理想。因此，常以槐树指代科考，考试的年头称槐秋，举子赴考称踏槐，考试的月份称槐黄。

在杭州，槐树的分布十分广泛，其中树龄最大、最有名的就要属云栖竹径遇雨亭边的420年树龄老槐树了。据测量，云栖竹径遇雨亭边的老槐树树龄420年，为二级古树，树高25m，胸围2.8m，东西冠幅21m，南北冠幅13m。

第五章 古树名木的历史与乡愁

云栖遇雨亭旁古槐树，树龄420年（张红梅 摄）

十六、枫杨 *Pterocarya stenoptera* C. DC.

科：胡桃科　属：枫杨属

资源分布

杭州市城区范围内共有枫杨古树11株，均为三级古树，其中西湖风景名胜区7株，西湖区3株，上城区1株。

形态特征

大乔木，高达30m，胸径达1m。幼树树皮平滑，浅灰色，老时则深纵裂；小枝灰色至暗褐色，具

城隍阁东面游步道边古枫杨，树龄180年

灰黄色皮孔；芽具柄，密被锈褐色盾状着生的腺体。叶多为偶数或稀奇数羽状复叶，长8~16cm（稀达25cm），叶柄长2~5cm，叶轴具翅至翅不甚发达，与叶柄一样被有疏或密的短毛；小叶10~16枚（稀6~25枚），无小叶柄，对生或稀近对生，长椭圆形至长椭圆状披针形，长8~12cm，宽2~3cm，顶端常钝圆或稀急尖，基部歪斜，上方一侧楔形至阔楔形，下方一侧圆形，边缘有向内弯的细锯齿，上面被有细小的浅色疣状凸起，沿中脉及侧脉被有极短的星芒状毛，下面幼时被有散生的短柔毛，成长后脱落而仅留有极稀疏的腺体及侧脉腋内留有1丛星芒状毛。雄性柔荑花序长6~10cm，单独生于去年生枝条上叶痕腋内，花序轴常有稀疏的星芒状毛。雄花常具1（稀2或3）枚发育的花被片，雄蕊5~12枚。雌性柔荑花序顶生，长10~15cm，花序轴密被星芒状毛及单毛，下端不生花的部分长达3cm，具2枚长达5mm的不孕性苞片。雌花几乎无梗，苞片及小苞片基部常有细小的星芒状毛，并密被腺体。果序长20~45cm，果序轴常被有宿存的毛。果实长椭圆形，长6~7mm，基部常有宿存的星芒状毛；果翅狭，条形或阔条形，长12~20mm，宽3~6mm，具近于平行的脉。花期4~5月，果熟期8~9月。

生长习性

性耐湿，多生长于平原丘陵的江、河、湖畔及低洼湿地处。

应用价值

广泛栽植作园景树或行道树。树皮含鞣质，可提取栲胶，亦可作纤维原料；果实可作饲料和酿酒，种子还可榨油。生长迅速，适应性强，是固堤护岸的优良树种。此外，枫杨较耐烟尘，对二氧化硫和有毒气体具有一定的抗性。枫杨的用途也极其广泛，除了木材可作家具、农具、人造棉原料外，树皮纤维还可制绳索，种子可榨油供食用，树根作药用等。

城隍阁东面游步道边古枫杨，树龄180年

杭州植物园山水园古枫杨，树龄100年

十七、三角槭 *Acer buergerianum* Miq.

科：槭树科　**属**：槭属

资源分布

杭州市城区范围内共有三角槭古树11株，均在西湖风景名胜区，分布于杭州动物园、灵隐景区、云栖竹径等地，其中有二级古树1株，三级古树10株，树龄最大的1株为400年。

形态特征

落叶乔木，高5~10m，稀达20m。树皮褐色或深褐色，粗糙。小枝细瘦；当年生枝紫色或紫绿色，近于无毛；多年生枝淡灰色或灰褐色，稀被蜡粉。叶纸质，椭圆形或倒卵形，基部近于圆形或楔形，长6~10cm，通常浅3裂，裂片向前延伸，稀全缘，中央裂片三角状卵形，急尖、锐尖或短渐尖。花多数常成顶生被短柔毛的伞房花序，直径约3cm，总花梗长1.5~2cm，开花在叶长大以后。翅果黄褐色；小坚果特别凸起，直径6mm；翅与小坚果共长2~2.5cm，稀达3cm，宽9~10mm，中部最宽，基部狭窄，张开成锐角或近于直立。花期4月，果期8月。

生长习性

喜光，稍耐阴，喜温暖湿润气候，稍耐寒，较耐水湿，耐修剪。秋叶暗红色或橙色。

应用价值

宜作庭荫树、行道树及护岸树种。也可栽作绿篱。

杭州城区 古树名木

湖滨钱王祠门口的古三角槭，树龄120年

十八、蜡梅 *Chimonanthus praecox* (Linn.) Link

科：蜡梅科　**属**：蜡梅属

资源分布

杭州市城区范围内共有蜡梅古树10株，均在西湖风景名胜区，一级古树1株，三级古树9株。其中杭州植物园灵峰探梅景区有7株，北山街2株，树龄最大的是位于龙井狮峰胡公庙内820年的"宋梅"。

形态特征

落叶灌木，高可达4m；幼枝四方形，老枝近圆柱形，灰褐色，无毛或被疏微毛，有皮孔；鳞芽通常着生于第二年生的枝条叶腋内，芽鳞片近圆形，覆瓦状排列，外面被短柔毛。叶纸质至近革质，卵圆形、椭圆形、宽椭圆形至卵状椭圆形，有时长圆状披针形，长5~25cm，宽2~8cm，顶端急尖至渐尖，有时具尾尖，基部急尖至圆形，除叶背脉上被疏微毛外余无毛。花着生于第二年生枝条叶腋内，先花后叶，芳香，直径2~4cm；花被片圆形、长圆形、倒卵形、椭圆形或匙形，长5~20mm，宽5~15mm，无毛，内部花被片比外部花被片短，基部有爪；雄蕊长4mm，花丝比花药长或等长，花药向内弯，无毛，药隔顶端短尖，退化雄蕊长3mm；心皮基部被疏硬毛，花柱长达子房3倍，基部被毛。果托近木质化，坛状或倒卵状椭圆形，长2~5cm，直径1~2.5cm，口部收缩，并具有钻状披针形的被毛附属物。花期11月至翌年3月，果期4~11月。

生长习性

性喜阳光，但亦略耐阴，较耐寒，耐旱，有"旱不死的蜡梅"之说。对土质要求不严，但以排水良好的轻壤土为宜。

应用价值

花芳香美丽，是园林绿化植物。根、叶可药用，理气止痛、散寒解毒，治跌打、腰痛、风湿麻木、风寒感冒、刀伤出血；花解暑生津，治心烦口渴、气郁胸闷；花蕾油治烫伤。花可提取蜡梅浸膏0.5%~0.6%；化学成分有苄醇、乙酸苄酯、芳樟醇、金合欢花醇、松油醇、吲哚等。

文化故事

灵峰探梅七星古梅

说起杭州西湖的赏梅胜地，就不得不提灵峰探梅景区。杭州灵峰在宋代以前被称为鹫峰。晋开运年间（944—946）吴越王在此建了鹫峰禅院。宋治平二年（1065）赐额"灵峰禅寺"。香火日盛，成为武林名刹。清道光年间，杭州的地方官中有一位固庆将军，他知道寺中山园田亩积久荒芜、苔藓封路，于是拨资给寺僧，让他们多多栽种蜡梅和梅树。史称"植梅百株"。两年后，梅树成林，固庆将军亲自撰文，历叙灵峰寺的兴衰以及种梅的经过，并刻成碑文，即《重修西湖北山灵峰寺碑记》。该碑即今"掬月亭"石碑。后寺院又几经兴衰，一度毁于大火。目前，灵峰探梅有7株古蜡梅，因其排列恰似北斗七星状，故而得名"七星古梅"。蜡梅花开香飘十里，花期和附近梅花相接近，所以灵峰历来有"二梅争艳"之说。

杭州植物园灵峰探梅景区的"七星古梅"群，树龄100年（胡中 摄）

胡公庙宋梅 编号018620100106，一级

　　杭州最古老的蜡梅是位于龙井村胡公庙口的宋代古蜡梅。这株蜡梅为一级古树，树龄820年，树高5m，胸围2.3m，冠幅达到9.4m。古蜡梅旁立着刻有"宋梅"二字的石碑，周围有石栏杆围砌进行保护。在这株古蜡梅的南边还有一座依山坡而建的梅亭，与古蜡梅遥相呼应。到了寒冬腊月，古蜡梅边落叶边开花，花期长达3个月之久，金黄色的蜡梅傲霜斗雪，游客坐在梅亭赏梅，满园梅香沁人心脾。

胡公庙宋梅，树龄820年

十九、苏铁 *Cycas revoluta* Thunb.

科：苏铁科　**属**：苏铁属

资源分布

杭州市城区范围内有苏铁古树1株，为三级古树，树龄100年，位于拱墅区红会医院2号楼南面花园内。

形态特征

常绿植物，呈棕榈状，树干为圆柱形。鳞叶呈三角状卵形，叶柄有刺，幼时密被黄褐色毡毛；营养叶倒卵状狭披针形。雄球花圆柱形。种子倒卵圆形，红色，中种皮光滑，成熟后外种皮橘红色。孢子叶球期5~7月，种子9~10月成熟。相传苏铁发育须有铁分元素给予，待其衰弱时如以铁粉予之，便不难恢复；以铁钉钉入干内，其效亦同，故称之为"苏铁"。

生长习性

喜温暖、湿润、有阳光的环境，稍耐阴，耐寒性差，生长缓慢。适宜生长于疏松肥沃、排水良好的砂质壤土中。

应用价值

树蔸除去有毒成分后制成淀粉食用，俗称"西米"；同时是中国传统的观赏树种。

拱墅区红会医院2号楼南面花园内的古苏铁，树龄100年

第五章 古树名木的历史与乡愁

二十、雪松 *Cedrus deodara* (Roxb.) Loud.

科：松科　**属**：雪松属

资源分布

杭州市城区范围内共有雪松古树8株，均为三级古树，全部在西湖风景名胜区，分布于玉皇山、石屋洞、孤山中山公园等地。

形态特征

常绿乔木，树冠尖塔形，大枝平展，小枝略下垂。叶针形，长8~60cm，质硬，灰绿色或银灰色，在长枝上散生，短枝上簇生。10~11月开花。球果翌年成熟，椭圆状卵形，熟时赤褐色。

生长习性

原产喜马拉雅山南麓阿富汗至印度一带。雪松高大挺拔，树冠塔形，四季苍翠，姿态优美，为世界素负盛名的园林风景树种之一，被誉为"风景树皇后"。其寿命可以达到600~1000年。20世纪初，我国开始引种驯化雪松。

应用价值

是世界著名的庭园观赏树种之一。它具有较强的防尘、减噪与杀菌能力。

中山公园内的古雪松，树龄100年

二十一、马尾松 *Pinus massoniana* Lamb.

科：松科　属：松属

资源分布

杭州市城区范围内有马尾松古树1株，为三级古树，树龄115年，位于淳安县实验幼儿园机关分园门口。

形态特征

树皮红褐色，下部灰褐色。枝平展或斜展，树冠宽塔形或伞形，枝条淡黄褐色，无白粉，稀有白粉，无毛。叶鞘初呈褐色，后渐变成灰黑色。雄球花淡红褐色，圆柱形，弯垂。一年生小球果圆球形或卵圆形，褐色或紫褐色。种子长卵圆形。叶缘具疏生刺毛状锯齿。花期4~5月，球果翌年10~12月成熟。因其枝叶似马尾，故名马尾松。

生长习性

为喜光、深根性树种，不耐庇荫，喜温暖湿润气候，能生于干旱、瘠薄的红壤、石砾土及砂质土，或生于岩石缝中，为荒山恢复森林的先锋树种。常组成次生纯林或与栎类、山槐、黄檀等阔叶树混生。在湿润、深厚的砂质壤土上生长迅速，在钙质土上生长不良或不能生长，不耐盐碱。

应用价值

心边材区别不明显，淡黄褐色，纹理直，结构粗，比重0.39~0.49，有弹性，富树脂，耐腐力弱。供建筑、枕木、矿柱、家具及木纤维工业（人造丝浆及造纸）原料等用。树干可割取松脂，为医药、化工原料。根部树脂含量丰富；树干及根部可培养茯苓、蕈类，供中药及食用，树皮可提取栲胶。为长江流域以南重要的荒山造林树种。

淳安县实验幼儿园机关分园门口的吉马尾松，树龄115年

二十二、长叶松 *Pinus palustris* Mill.

科：松科　**属**：松属

资源分布

杭州市城区范围内有长叶松名木1株，树龄90年，位于西湖风景名胜区杭州花圃盆景园外草坪。

形态特征

乔木，在原产地高达45m，胸径1.2m。枝向上开展或近平展，树冠宽圆锥形或近伞形；树皮暗灰褐色，裂成鳞状薄块片脱落；枝条每年生长一轮，稀生长数轮；小枝粗壮，橙褐色；冬芽粗大，银白色，窄矩圆形或圆柱形，顶端尖，无树脂；芽鳞长披针形。针叶3针一束，长20~45cm，径约2mm，刚硬，先端尖；横切面三角形，二型，皮下层细胞，树脂道3~7个，多内生；叶鞘长约2.5cm。球果窄卵状圆柱形，有树脂，成熟前绿色，熟时暗褐色，长15~25cm；种鳞的鳞盾肥厚、显著隆起，横脊明显，鳞脐宽短，具坚硬锐利的尖刺；种子大，长约1.2cm，具长翅，种翅长约3.7cm。幼苗最初几年苗茎很短，呈禾草状。

生长习性

喜湿热海洋性气候环境，也能适应暖温干燥的气候环境。适合高海拔地区种植，最宜选在土壤深厚、湿润肥沃、排水良好呈中性的缓坡地上，在干旱陡坡生长不良，在排水不良或间歇性积水的地方不能造林。

应用价值

可作东南沿海各地的造林和庭院观赏绿化树种。木材坚实，耐用。可供建筑及家具等用。

第五章 古树名木的历史与乡愁

杭州花圃盆景园外草坪内的长叶松，树龄90年

二十三、日本五针松 *Pinus parviflora* Sieb. et Zucc.

科：松科　属：松属

资源分布

杭州市城区范围内共有日本五针松古树2株，均为三级古树，全部在西湖风景名胜区，分布于花港观鱼牡丹亭前和三潭印月先贤祠东侧。

形态特征

乔木，在原产地高达25m，胸径1m。幼树树皮淡灰色，平滑，大树树皮暗灰色，裂成鳞状块片脱落。枝平展，树冠圆锥形；一年生枝幼嫩时绿色，后呈黄褐色，密生淡黄色柔毛；冬芽卵圆形，无树脂。针叶5针一束，微弯曲，长3.5~5.5cm，径不及1mm，边缘具细锯齿，背面暗绿色，无气孔线，腹面每侧有3~6条灰白色气孔线；横切面三角形，单层皮下层细胞，背面有2个边生树脂道，腹面1个中生或无树脂道；叶鞘早落。球果卵圆形或卵状椭圆形，几无梗，熟时种鳞张开，长4~7.5cm，径3.5~4.5cm；中部种鳞宽倒卵状斜方形或长方状倒卵形，长2~3cm，宽1.8~2cm，鳞盾淡褐色或暗灰褐色，近斜方形，先端圆，鳞脐凹下，微内曲，边缘薄，两侧边向外弯，下部底边宽楔形；种子为不规则倒卵圆形，近褐色，具黑色斑纹，长8~10mm，径约7mm，种翅宽6~8mm，连种子长1.8~2cm。

生长习性

喜阳光充足、高燥又通风的环境，忌积水、忌黏重生土或碱性土，喜疏松肥沃排水良好的酸性土壤。

应用价值

在建筑主要门庭、纪念性建筑物前对植，或植于主景树丛前，苍劲朴茂，古趣盎然。日本五针松经过加工，悬崖宛垂，石雅挺筑，为树桩盆景之珍品。

第五章 古树名木的历史与乡愁

花港牡丹亭的古日本五针松，树龄100年

二十四、黑松 *Pinus thunbergiana* Franco

科：松科　属：松属

资源分布

杭州市城区范围内有黑松古树1株，为三级古树，树龄100年，位于西湖风景名胜区花港观鱼公园牡丹亭前。

形态特征

高可达30m，树皮带灰黑色。4月开花，花单性，雌花生于新芽的顶端，呈紫色，多数种鳞（心皮）相重而排成球形。成熟时，多数花粉随风飘出。球果至翌年秋天成熟，鳞片裂开而散出种子，种子有薄翅。果鳞的鳞脐具有短刺。

生长习性

喜光，耐干旱瘠薄，不耐水涝，不耐寒。适生于温暖湿润的海洋性气候区域，最宜在土层深厚、土质疏松，且含有腐殖质的砂质土壤处生长。因其耐海雾，抗海风，也可在海滩盐土地生长。抗病虫能力强，生长慢，寿命长。

应用价值

经济树种，可用于造林、园林绿化及庭园造景。树木可用以采脂，树皮、针叶、树根等可综合利用，制成多种化工产品，种子可榨油。可从中采收和提取药用的松花粉、松节、松针及松节油。

花港牡丹亭的古黑松，树龄100年

二十五、日本柳杉 *Cryptomeria japonica* (L. f.) D. Don

科：杉科　**属**：柳杉属

资源分布

杭州市城区范围内共有日本柳杉古树2株，均为三级古树，全部在西湖风景名胜区云栖竹径内，树龄分别为130年和110年。

形态特征

乔木，在原产地高达40m，胸径可达2m以上。树皮红褐色，纤维状，裂成条片状脱落。大枝常轮状着生，水平开展或微下垂，树冠尖塔形；小枝下垂，当年生枝绿色。叶钻形，直伸，先端通常不内曲，锐尖或尖，长0.4~2cm，基部背腹宽约2mm，四面有气孔线。雄球花长椭圆形或圆柱形，长约7mm，径2.5mm，雄蕊有4~5花药，药隔三角状；雌球花圆球形。球果近球形，稀微扁，径1.5~2.5cm，稀达3.5cm；种鳞20~30枚，上部通常4~5（7）深裂，裂齿较长，窄三角形，长6~7mm，鳞背有一个三角状分离的苞鳞尖头，先端通常向外反曲，能育种鳞有2~5粒种子；种子棕褐色，椭圆形或不规则多角形，长5~6mm，径2~3mm，边缘有窄翅。花期4月，球果10月成熟。

生长习性

喜光耐阴，喜温暖湿润气候，耐寒，畏高温炎热，忌干旱。适生于深厚肥沃、排水良好的砂质壤土，积水时易烂根。

应用价值

心材淡红色，边材近白色，易加工。供建筑、桥梁、造船、家具等用材。

云栖双碑亭北侧的古日本柳杉，树龄110年（张红梅 摄）

二十六、北美红杉 *Sequoia sempervirens* (Lamb.) Endl.

科：杉科　属：北美红杉属

资源分布

杭州市城区范围内有北美红杉名木1株，树龄50年，位于西湖风景名胜区杭州植物园友谊园内。

形态特征

常绿乔木，在原产地可高达110m，胸径可达8m；树皮红褐色，纵裂，厚达15~25cm。主枝之叶卵状矩圆形，长约6mm；侧枝之叶条形，长8~20mm，先端急尖。雄球花卵形，长1.5~2mm。球果卵状椭圆形或卵圆形，淡红褐色；种鳞盾形，顶部有凹槽，中央有一小尖头；种子椭圆状矩圆形，淡褐色，两侧有翅。

生长习性

适合温暖到温凉、夏无酷暑、冬无严寒，湿润到半湿润多雾、阳光充足的环境。年均气温12~18℃，绝对最高气温不高于38℃，绝对最低气温不低于-9℃。最适宜的土壤为土层深厚、肥沃、湿润、排水良好的微酸性黄红壤或红壤。

应用价值

树干通直圆满，加工性能好，耐腐能力强，胶合性和油漆性佳；少有病虫害，木材用途广，为主要的建筑、家具、船舶、箱板、桶材、纸浆林、胶合板等用材。树体高大、四季常绿，适用于湖畔、水边、草坪中孤植或群植，景观秀丽，也可沿园路两边列植，是世界园林观赏树种。

文化故事

杭州植物园北美红杉　编号018600400019，名木

北美红杉又名海岸红杉，原产于美国加利福尼亚州北部和俄勒冈州西南部的狭长海岸，为常绿大乔木，是世界上最高的树种之一。最早出现在侏罗纪，广泛见于东亚、北美和欧洲中生代晚期和古近纪、新近纪地层。

1972年2月，为了表达对中国人民的友好情谊，北美红杉树苗随美国时任总统尼克松一起来华。周恩来总理亲自安排，将它种在了西子湖畔的杭州植物园里。这株北美红杉带着隽永的含义，为中美两国人民传播着珍贵的友谊，就像当时的那首由朱逢博演唱的歌曲《红杉树》："你带来了美国人民的深情，你扎根在中国的沃土，愿你茁壮成长……"

相对于北美西海岸的气候，这株红杉树，起初对杭州夏季高温和秋季降水稀少有些不太适应，杭州植物园特地为之安装了人工喷雾装置，使红杉逐渐适应了新环境，并组织开展北美红杉

的引种栽培试验研究工作。在这样的悉心照料下，红杉生长得很快。1978年结出第一个不孕球果；1979年经人工辅助授粉，采取3个球果和充分成熟的种子，培育出第一批小苗。经过园林工人的精心栽培，目前这株北美红杉已由当年的2.4m长到了18m，胸径达30cm，枝繁叶茂，长势喜人。每年，大批游客、学生、林业和植物专家，纷纷慕名到杭州植物园一睹成长在中国土地上的北美红杉的风采。

尼克松一生多次来华，心中始终牵挂着这棵友谊之树。1982年9月10日，时隔10年，美国前总统尼克松应邀再次访华，还特地到杭州探望当年随同来华的绿色使者，在红杉树前听取了管理者的介绍，尼克松总统欣喜不已。他说，红杉可活2000年，中美两国人民的友谊要像红杉树一样永存。

41年后，应中国国际友好协会邀请，2013年5月7日，尼克松的外孙考克斯，率美国尼克松基金会代表团一行42人，重走当年外祖父的访杭之路。代表团来到杭州植物园，参观了1972年尼克松总统访问杭州时带来的北美红杉，并在植物园内举行了"重温尼克松总统1972年访华之旅"的植树仪式。考克斯夫妇同代表团成员一起，与中方人员一起在北美红杉旁，又种下两棵国家一级保护植物——南方红豆杉，象征中美友谊绵延不绝、万古长青。而这一年正是尼克松诞辰100周年，因此也具有重要的历史传承意义。

美国前总统尼克松访华时赠送给我国的北美红杉，树龄50年

二十七、圆柏 *Sabina chinensis* (Linn.) Ant.

科：柏科　**属**：圆柏属

资源分布

杭州市城区范围内共有圆柏古树5株，均为三级古树，全部在西湖风景名胜区，分布于虎跑公园和孤山文渊阁。

形态特征

有鳞形叶的小枝圆或近方形。叶在幼树上全为刺形，随着树龄的增长刺形叶逐渐被鳞形叶代替；刺形叶3叶轮生或交互对生，长6~12mm，斜展或近开展，上面有两条白色气孔带；鳞形叶交互对生，排列紧密，先端钝或微尖，背面近中部有椭圆形腺体。雌雄异株。球果近圆形，直径6~8mm，有白粉，熟时褐色，内有1~4（多为2~3）粒种子。

生长习性

喜光树种，喜温凉、温暖气候及湿润土壤。在华北及长江下游海拔500m以下，长江中上游海拔1000m以下排水良好之山地可选用造林。

应用价值

可作房屋建筑、家具、文具及工艺品等用材；树根、树干及枝叶可提取柏木脑的原料及柏木油；枝叶入药，能祛风散寒、活血消肿、利尿；种子可提取润滑油；为普遍栽培的庭园树种。

第五章 古树名木的历史与乡愁

孤山文澜阁内的古圆柏，树龄120年

花港蒋庄西楼的两株古龙柏，树龄100年

二十八、龙柏

Sabina chinensis (Linn.) Ant. 'Kaizuca'

科：柏科　**属**：圆柏属

资源分布

杭州市城区范围内共有龙柏古树4株，其中一级古树1株，三级古树3株，全部在西湖风景名胜区，分布于蒋庄、吴山景区、玉皇山等地，树龄最大的1株达630年。

形态特征

树冠圆柱状或柱状塔形；枝条向上直展，常有扭转上升之势，小枝密，在枝端呈几乎相等长的密簇；鳞叶排列紧密，幼嫩时淡黄绿色，后呈翠绿色；球果蓝色，微被白粉。

生长习性

喜阳，稍耐阴。喜温暖、湿润环境，抗寒，抗干旱，忌积水，排水不良时易产生落叶或生长不良。适生于干燥、肥沃、深厚的土壤，对土壤酸碱度适应性强，较耐盐碱。对二氧化硫和氯气抗性强，但对烟尘的抗性较差。

应用价值

树形除自然生长成圆锥形外，也有的将其攀揉蟠扎成龙、马、狮、象等动物形象，也有的修剪成圆球形、鼓形、半球形、单植或列植、群植于庭园，更有的栽植成绿篱，经整形修剪成平直的圆脊形，可表现其低矮、丰满、细致、精细。龙柏侧枝扭曲螺旋状抱干而生，别具一格，观赏价值很高。

文化故事

吴山景区古龙柏 编号018610700020，一级

在杭州吴山景区，有一组非常奇特的岩石，形状起伏玲珑，从特定的角度看，局部分别像牛、龙、虎、兔、猴等十二生肖。这便是百姓俗称的十二生肖石。而在这十二生肖石边上，有一株杭州最古老最珍贵的龙柏树。树龄达630年，为一级古树。其树姿宛如虬龙蟠舞，生动优美。因其年老，树身已部分中空，当地的管理部门为这株古树加装了抱箍和支撑。远远观望，这株龙柏树像一位暮年老者，而膝下的十二生肖石又仿佛是他的满堂儿孙。

吴山十二生肖石旁古龙柏，树龄630年

二十九、竹柏 *Nageia nagi* (Thunb.) O. Kuntze

科：罗汉松科　**属**：竹柏属

资源分布

杭州市城区范围内有竹柏古树1株，为三级古树，树龄200年，位于西湖风景名胜区中国人民解放军第九〇三医院生活区内。

形态特征

乔木，高可达20m，胸径可达50cm。树皮近平滑，红褐色或暗紫红色，呈小块薄片脱落；枝条开展或伸展，树冠广圆锥形。叶对生，革质，长卵形、卵状披针形或披针状椭圆形，有多数并列的细脉，无中脉，长3.5~9cm，宽1.5~2.5cm，上面深绿色，有光泽，下面浅绿色，上部渐窄，基部楔形或宽楔形，向下窄成柄状。雄球花穗状圆柱形，单生叶腋，常呈分枝状，长1.8~2.5cm，总梗粗短，基部有少数三角状苞片；雌球花单生叶腋，稀成对腋生，基部有数枚苞片，花后苞片不肥大成肉质种托。种子圆球形，径1.2~1.5cm，成熟时假种皮暗紫色，有白粉，梗长7~13mm，其上有苞片脱落的痕迹，骨质外种皮黄褐色，顶端圆，基部尖，其上密被细小的凹点，内种皮膜质。花期3~4月，种子10月成熟。

生长习性

属耐阴树种，生长于半阴的环境中，抗寒性弱，喜温暖、湿润，适宜用疏松湿润的腐殖质土和呈酸性的土壤种植。

应用价值

有净化空气、抗污染和强烈驱蚊的效果，是雕刻、制作家具、胶合板的优良用材，具有较高的观赏、生态、药用和经济价值。

九〇三医院生活区10号楼东南侧的古竹柏，树龄200年

三十、响叶杨 *Populus adenopoda* Maxim.

科：杨柳科　**属**：杨属

资源分布

杭州市城区范围内有响叶杨古树1株，为二级古树，树龄350年，位于西湖风景名胜区灵隐上天竺内。

形态特征

乔木，高15~30m。树皮灰白色，树冠卵形。小枝较细，暗赤褐色，芽圆锥形，有黏质。叶片卵状圆形或卵形，先端长渐尖，边缘有内曲圆锯齿，齿端有腺点，上面深绿色，下面灰绿色，叶柄侧扁，苞片条裂，有长缘毛，花盘齿裂。花序轴有毛。蒴果卵状长椭圆形，种子倒卵状椭圆形。花期3~4月，果期4~5月。

生长习性

生于干旱、瘠薄的红壤、石砾土及砂质土，或生于岩石缝中，为荒山恢复森林的先锋树种。喜光、深根性树种，不耐庇荫，喜温暖湿润气候，在湿润、深厚的砂质壤土上生长迅速，在钙质土上生长不良或不能生长，不耐盐碱。

应用价值

木材白色，心材微红，干燥易裂开，供建筑、器具、造纸等用；叶含挥发油0.25%，叶可作饲料。

第五章 古树名木的历史与乡愁

灵隐上天竺林地内的古响叶杨，树龄350年

三十一、南川柳 *Salix rosthornii* Seem.

科：杨柳科　**属**：柳属

资源分布

杭州市城区范围内共有南川柳古树9株，均为三级古树，全部位于西湖风景名胜区，其中三潭印月岛上8株，北山街1株。

形态特征

乔木或灌木。幼枝有毛，后无毛。叶披针形、椭圆状披针形或长圆形，稀椭圆形，长4~7cm，宽1.5~2.5cm，先端渐尖，基部楔形，上面亮绿色，下面浅绿色，两面无毛；幼叶脉上有短柔毛，边缘有整齐的腺锯齿；叶柄长7~12mm，有短柔毛，上端或有腺点；托叶偏卵形，有腺锯齿，早落；萌枝上的托叶发达，肾形或偏心形，长达12mm。花与叶同时开放；花序长3.5~6cm，粗约6mm，疏花；花序梗长1~2cm，有3（6）小叶；轴有短柔毛；雄蕊3~6，基部有短柔毛；苞片卵形，基部有柔毛；花具腹腺和背腺，形状多变化，常结合成多裂的盘状；雌花序长3~4cm，粗约5mm；子房狭卵形，无毛，有长柄，花柱短，2裂；苞片同雄花；腺体2，腹腺大，常抱柄，背腺有时不发育。蒴果卵形，长5~6mm。花期3月下旬至4月上旬，果期5月。

三潭印月我心相印亭西侧古南川柳，树龄220年

生长习性

生长在平原、丘陵及低山地区的水旁。较耐水淹，是优良的湿地观花、观叶植物。

应用价值

枝繁叶茂，叶与花同时开放，极耐水淹，可片植于溪边、河岸带进行植被恢复。亦可培育成优良的园林观赏树种。

三潭印月我心相印亭西侧古南川柳（冬季效果），树龄220年

三十二、锥栗

Castanea henryi (Skan) Rehd. et Wils.

科：壳斗科　**属**：栗属

资源分布

杭州市城区范围内有锥栗古树1株，为三级古树，树龄180年，位于西湖风景名胜区灵隐寺藏经楼后竹林中。

形态特征

大乔木，高达30m，胸径可达1.5m。冬芽长约5mm，小枝暗紫褐色，托叶长8~14mm。叶长圆形或披针形，长10~23cm，宽3~7cm，顶部长渐尖至尾状长尖，新生叶的基部狭楔尖，两侧对称，成长叶的基部圆或宽楔形，一侧偏斜，叶缘的裂齿有长2~4mm的线状长尖，叶背无毛，但嫩叶有黄色鳞腺且在叶脉两侧有疏长毛；开花期的叶柄长1~1.5cm，结果时延长至2.5cm。

生长习性

喜光，耐旱，要求排水良好。病虫害少，生长较快。

应用价值

可食用，木材坚实，可供枕木、建筑等用。可提制栲胶。

灵隐寺藏经楼后的古锥栗，树龄180年

三十三、青冈栎 *Cyclobalanopsis glauca* (Thunb.) Oerst.

科：壳斗科　**属**：青冈属

资源分布

杭州市城区范围内共有青冈栎古树8株，其中二级古树1株，三级古树7株，全部在西湖风景名胜区，分布于六通宾馆、杭州植物园、云栖竹径、灵隐景区等地。

形态特征

小枝无毛。叶片革质，倒卵状椭圆形或长椭圆形，长6~13cm，宽2~5.5cm，顶端渐尖或短尾状，基部圆形或宽楔形，叶缘中部以上有疏锯齿，侧脉每边9~13条，叶背支脉明显，叶面无毛，叶背有整齐平伏白色单毛，老时渐脱落，常有白色鳞秕；叶柄长1~3cm。雄花序长5~6cm，花序轴被苍色茸毛。果序长1.5~3cm，着生果2~3个；壳斗碗形，包着坚果1/3~1/2，直径0.9~1.4cm，高0.6~0.8cm，被薄毛；小苞片合生成5~6条同心环带，环带全缘或有细缺刻，排列紧密。花期4~5月，果期10月。

生长习性

适应性较强，酸性至碱性基岩均可生长，在石灰岩山地，可形成单优群落，天然更新力强，生长中速。较耐寒，可耐-10℃低温，且耐阴和耐瘠薄，深根性，直根系，耐干燥，萌芽力强，可萌芽更新。

应用价值

木材坚硬，材用树种。木材灰黄色或黄褐色，结构细致，木质坚实，可作车船、滑轮、运动器械等用材；种子含有淀粉，可酿酒、做糕点、豆腐；壳斗、树皮还可提取栲胶。

杭州植物园山水园的古青冈栎,树龄100年

三十四、白栎 *Quercus fabri* Hance

科：壳斗科　**属**：栎属

资源分布

杭州市城区范围内共有白栎古树3株，均为三级古树，全部在西湖风景名胜区孤山景点内。

形态特征

高可达20m，树皮灰褐色。冬芽卵状圆锥形，芽鳞多数。叶片倒卵形、椭圆状倒卵形，叶缘具波状锯齿或粗钝锯齿，叶柄被棕黄色茸毛。花序轴被茸毛。壳斗杯形，包着坚果；小苞片卵状披针形，排列紧密，坚果长椭圆形或卵状长椭圆形，果脐突起。4月开花，10月结果。

生长习性

喜光，喜温暖气候，较耐阴；喜深厚、湿润、肥沃土壤，也较耐干旱、瘠薄。在湿润肥沃深厚、排水良好的中性至微酸性砂壤土中生长最好，排水不良或积水地不宜种植。与其他树种混交能形成良好的干形，深根性，萌芽力强，但不耐移植。抗污染、抗尘土、抗风能力都较强，寿命长。

应用价值

萌芽力强，树形优美，秋季其叶片季相变化明显，具有较高的观赏价值，可作为园林绿化树种；木材坚硬，花纹美观，耐磨耐腐，可供家具、装修、车辆等用材；坚果是"橡实"的一种，橡实作为一种传统的野生木本粮食资源，在食品、饲料等领域具有广泛应用前景；果实的虫瘿可入药，用于治小儿疳积、大人疝气、急性结膜炎。

孤山敬一书院前的古白栎（冬季效果），树龄150年

三十五、杭州榆 Ulmus changii Cheng

科：榆科　**属**：榆属

资源分布

杭州市城区范围内有杭州榆古树1株，为三级古树，树龄200年，位于西湖风景名胜区龙井茶室旁。

形态特征

落叶乔木，高可达20余米，胸径可达30cm。树皮暗灰色、灰褐色或灰黑色；冬芽卵圆形或近球形，无毛。叶卵形或卵状椭圆形，稀宽披针形或长圆状倒卵形，长3~11cm，宽1.7~4.5cm。花常自花芽抽出，在去年生枝上排成簇状聚伞花序，稀出自混合芽而散生新枝的基部或近基部。翅果长圆形或椭圆状长圆形。花果期3~4月。

生长习性

喜光树种，喜生于土层比较深厚，土壤比较肥沃而略带润潮之处，但渍水地不宜生长。生长于海拔200~800m山坡、谷地及溪旁的阔叶树林中。能适应酸性土及碱性土。

应用价值

木材坚实耐用，不挠裂，易加工，可作家具、器具、地板、车辆及建筑等用。

龙井茶室南侧的古杭州榆，树龄200年（张红梅 摄）

三十六、榔榆 *Ulmus parvifolia* Jacq.

科：榆科　属：榆属

资源分布

杭州市城区范围内共有榔榆古树2株，均为三级古树，其中1株位于西湖风景名胜区湖滨三公园音乐喷泉前，1株位于萧山区北干一苑社区服务站内。

形态特征

落叶乔木，或冬季叶变为黄色或红色宿存至第二年新叶开放后脱落，高可达25m，胸径可达1m；树冠广圆形，树干基部有时呈板状根，树皮灰色或灰褐色，裂成不规则鳞状薄片剥落，露出红褐色内皮，近平滑，微凹凸不平。当年生枝密被短柔毛，深褐色；冬芽卵圆形，红褐色，无毛。叶质地厚，披针状卵形或窄椭圆形，稀卵形或倒卵形，中脉两侧长宽不等，长1.7~8（常2.5~5）cm，宽0.8~3（常1~2）cm，先端尖或钝，基部偏斜，楔形或一边圆，叶面深绿色，有光泽，除中脉凹陷处有疏柔毛外，余处无毛，侧脉不凹陷，叶背色较浅，幼时被短柔毛，后变无毛或沿脉有疏毛，或脉腋有簇生毛，边缘从基部至先端有钝而整齐的单锯齿，稀重锯齿（如萌发枝的叶），侧脉每边10~15条，细脉在两面均明显，叶柄长2~6mm，仅上面有毛。花秋季开放，3~6数在叶腋簇生或排成簇状聚伞花序，花被上部杯状，下部管状，花被片4，深裂至杯状花被的基部或近基部，花梗极短，被疏毛。翅果椭圆形或卵状椭圆形，长10~13mm，宽6~8mm，除顶端缺口柱头面被毛外，余处无毛，果翅稍厚，基部的柄长约2mm，两侧的翅较果核部分为窄，果核部分位于翅果的中上部，上端接近缺口，花被片脱落或残存，果梗较管状花被为短，长1~3mm，有疏生短毛。花果期8~10月。

生长习性

喜光、耐干旱，在酸性、中性和碱性土壤均可生长，但气候温暖、土壤肥沃、排水良好的中性土壤是最合适的环境，对有毒气体、烟尘有很强的抵抗力。

应用价值

材质坚韧，纹理直，耐水湿，可供家具、车辆、造船、器具、农具、船橹等用材。树皮纤维纯细，杂质少，可作蜡纸及人造棉原料，或织麻袋、编绳索，亦供药用。可选作造林树种。

第五章 古树名木的历史与乡愁

湖滨三公园音乐喷泉前古榔榆，树龄110年

三十七、红果榆 *Ulmus szechuanica* Fang

科：榆科　属：榆属

资源分布

杭州市城区范围内共有红果榆古树4株，其中二级古树1株，三级古树3株，全部在西湖风景名胜区，分布于云栖竹径和灵隐景区。

形态特征

落叶乔木，高达28m，胸径80cm。树皮暗灰色、灰黑色或褐灰色，不规则纵裂，粗糙。当年生枝淡灰色或灰色，幼时有毛，后变无毛或有疏毛，皮孔淡黄色；萌发枝的毛较密，有时具周围大而不规则纵裂的木栓层；冬芽卵圆形，芽鳞背面外露部分几无毛或有疏毛，下部毛较密，内部芽鳞的边缘毛较长而明显。叶倒卵形、椭圆状倒卵形、卵状长圆形或椭圆状卵形，长2.5~9cm，宽1.7~5.5cm，先端急尖或渐尖，稀尾状，基部偏斜，楔形、圆形或近心脏形，叶面幼时有短毛，沿中脉常有长柔毛，后则无毛，有时具圆形毛迹，不粗糙（萌发枝的叶面粗糙），叶背初有疏毛，沿主侧脉有较密之毛，后变无毛，有时脉腋具簇生毛，边缘具重锯齿，侧脉每边9~19条，叶柄长5~12mm，无毛或上面有毛。花在去年生枝上排成簇状聚伞花序。翅果近圆形或倒卵状圆形，长11~16mm，宽9~13mm，除顶端缺口柱头被毛外，余处无毛，果核部分位于翅果的中部或近中部，上端接近缺口，淡红色、褐色、红色或紫红色，宿存花被无毛，钟形，浅4裂，果柄较花被为短，长1~2mm，有短柔毛。花果期3~4月。

生长习性

生于平原、低丘或溪涧旁酸性土及微酸性土之阔叶林中。

应用价值

心材红褐色，边材白色，材质坚韧，硬度适中，纹理直，结构略粗。可供制家具、农具、器具等用。树皮纤维可制绳索及人造棉。长江下游之平原及低丘地区可选作"四旁"绿化造林树种。

第五章 古树名木的历史与乡愁

灵隐寺门口的古红果榆，树龄300年

三十八、榉树 *Zelkova schneideriana* Hand.-Mazz.

科：榆科　**属**：榉属

资源分布

杭州市城区范围内有榉树古树1株，为三级古树，树龄250年，位于拱墅区耶稣堂弄3号3幢南。

形态特征

乔木，高达30m，胸径达100cm。树皮灰白色或褐灰色，呈不规则的片状剥落。当年生枝紫褐色或棕褐色，疏被短柔毛，后渐脱落；冬芽圆锥状卵形或椭圆状球形。叶薄纸质至厚纸质，大小形状变异很大，卵形、椭圆形或卵状披针形，长3~10cm，宽1.5~5cm，先端渐尖或尾状渐尖，基部有的稍偏斜，圆形或浅心形，稀宽楔形，叶面绿色，干后绿色或深绿色，稀暗褐色，稀带光泽，幼时疏生糙毛，后脱落变平滑，叶背浅绿色，幼时被短柔毛，后脱落或仅沿主脉两侧残留有稀疏的柔毛，边缘有圆齿状锯齿，具短尖头，侧脉（5~）7~14对；叶柄粗短，长2~6mm，被短柔毛；托叶膜质，紫褐色，披针形，长7~9mm。雄花具极短的梗，径约3mm，花被裂至中部，花被裂片（5）6~7（8），不等大，外面被细毛，退化子房缺；雌花近无梗，径约1.5mm，花被片4~5（6），外面被细毛，子房被细毛。核果几乎无梗，淡绿色，斜卵状圆锥形，上面偏斜，凹陷，直径2.5~3.5mm，具背腹脊，网肋明显，表面被柔毛，具宿存的花被。花期4月，果期9~11月。

生长习性

阳性树种，喜光，喜温暖环境。适生于深厚、肥沃、湿润的土壤，对土壤的适应性强，酸性、中性、碱性土及轻度盐碱土均可生长。

应用价值

树姿端庄，树形雄伟，枝细叶美，绿荫浓密，秋叶变成褐红色，是观赏秋叶的优良树种，在园林中常种植于绿地中的路旁、墙边，作孤植、丛植配置或作行道树和庭荫树。

第五章 古树名木的历史与乡愁

耶稣堂弄3号外的古榉树，树龄250年

三十九、玉兰 *Magnolia denudata* Desr.

科：木兰科　**属：**木兰属

资源分布

杭州市城区范围内有玉兰古树1株，为一级古树，树龄达500年，位于西湖风景名胜区上天竺法喜寺内。

形态特征

落叶乔木，高达可25m，胸径1m。枝广展，形成宽阔的树冠；树皮深灰色，粗糙开裂；小枝稍粗壮，灰褐色；冬芽及花梗密被淡灰黄色长绢毛。叶纸质，倒卵形、宽倒卵形或倒卵状椭圆形，基部徒长枝叶椭圆形，长10~15（18）cm，宽6~10（12）cm，先端宽圆、平截或稍凹，具短突尖，中部以下渐狭成楔形，叶上面深绿色，嫩时被柔毛，后仅中脉及侧脉留有柔毛，下面淡绿色，沿脉上被柔毛，侧脉每边8~10条，网脉明显；叶柄长1~2.5cm，被柔毛，上面具狭纵沟；托叶痕为叶柄长的1/4~1/3。花白色，具芳香，直径12~15cm，先叶开放。

生长习性

喜光，较耐寒，可露地越冬；爱干燥，忌低湿，栽植地渍水易烂根。

应用价值

材质优良，纹理直，结构细，供家具、图板、细木工等用；花蕾入药与"辛夷"功效同；花含芳香油，可提取配制香精或制浸膏；花被片食用或用以熏茶；种子榨油供工业用。早春白花满树，艳丽芳香，为驰名中外的庭园观赏树种。

第五章 古树名木的历史与乡愁

上天竺法喜寺内的古玉兰,树龄500年(施晓梦 摄)

四十、浙江樟 *Cinnamomum chekiangense* Nakai

科：樟科　属：樟属

资源分布

杭州市城区范围内有浙江樟古树1株，为三级古树，树龄100年，位于西湖风景名胜区杭州植物园教学院内。

形态特征

常绿乔木，高达15m。小枝带红色或红褐色，无毛。叶卵状长圆形或长圆状披针形，长7~10cm，先端尖或渐尖，基部宽楔形或近圆形，两面无毛，离基三出脉；叶柄长达1.5cm，带红褐色，无毛。花序长3~4.5（10）cm，花序梗与序轴均无毛；花梗长5~7mm，无毛；花被片卵形，外面无毛，内面被柔毛；能育雄蕊长约3mm，花丝被柔毛。果长圆形，长7mm；果托浅波状，径达5mm，全缘或具圆齿。花期4~5月；果期7~9月。

生长习性

喜光；喜温暖湿润气候。

应用价值

本种树干端直，树冠整齐，叶茂荫浓，气势雄伟，在园林绿地中孤植、丛植、列植均相宜。

第五章 古树名木的历史与乡愁

杭州植物园教学院内的古浙江樟，树龄100年

四十一、豹皮樟

Litsea coreana Levl. var. *sinensis* (Allen) Yang et P. H. Huang

科：樟科　**属**：木姜子属

资源分布

杭州市城区范围内共有豹皮樟古树2株，均为三级古树，树龄在200年以上，全部在西湖风景名胜区云栖竹径内。

形态特征

常绿乔木，高可达5m。树皮灰色，顶芽卵圆形。叶片互生，长圆形或披针形，上面较光亮，幼时基部沿中脉有柔毛，叶柄上面有柔毛，下面无毛，羽状脉，叶柄无毛。伞形花序腋生，苞片交互对生，近圆形，花梗粗短，密被长柔毛；花被裂片卵形或椭圆形。果近球形，果梗颇粗壮。8~9月开花，翌年夏季结果。

生长习性

属中性偏阴树种。喜温暖凉润气候。生长在土壤疏松、肥沃和比较润湿的山坡、峡谷以及溪涧两旁，呈酸性或中性的砂质壤土。

应用价值

根、叶入药，全年可采。

云栖遇雨亭东坡古豹皮樟，树龄210年

四十二、薄叶润楠 *Machilus leptophylla* Hand.-Mazz.

科：樟科　**属**：润楠属

资源分布

杭州市城区范围内共有薄叶润楠古树2株，均为二级古树，树龄330年，位于西湖风景名胜区上天竺法喜寺内。

形态特征

高大乔木，高可达28m；树皮灰褐色。枝粗壮，暗褐色，无毛。叶互生或在当年生枝上轮生，倒卵状长圆形，先端短渐尖，基部楔形，坚纸质，幼时下面全面被贴伏银色绢毛。圆锥花序6~10个，聚生嫩枝的基部，长8~12（15）cm，柔弱，多花，上部略增大，先端三角形，顶锐尖。果球形，直径约1cm；果梗长5~10mm。

生长习性

树皮可提树脂；种子可榨油。是珍贵优良的用材树种，因其树形优美，宜作"四旁"绿化和庭院、广场的观赏树。木材可供家具、细木工、胶合板用。

应用价值

广泛应用于家具制作和建筑装饰。是生产浆纸业、纤维板等工业原材料的优良树种。是一种优良的庭园观赏、绿化树种，有很好的防风、固土能力。

上天竺法喜寺内的古薄叶润楠，树龄330年

四十三、刨花楠 *Machilus pauhoi* Kanehira

科：樟科　属：润楠属

资源分布

杭州市城区范围内共有刨花楠古树2株，均为二级古树，树龄390年，都位于西湖风景名胜区法云古村东南路边。

形态特征

高6.5~20m，胸径可达30cm，树皮灰褐色，有浅裂。小枝绿带褐色，干时常带黑色，无毛或新枝基部有浅棕色小柔毛。顶芽球形至近卵形，随着新枝萌发，渐多少呈竹笋形，鳞片密被棕色或黄棕色小柔毛。叶常集生小枝梢端，椭圆形或狭椭圆形，间或倒披针形。

生长习性

深根性树种，幼年喜阴耐湿，中年喜光喜湿，生长迅速。喜生于气候温暖、肥沃、湿润的丘陵地和山地的山谷疏林中，或密林的林缘以及村前屋后。

应用价值

木材供建筑、制家具，刨成薄片，叫"刨花"，浸水中可产生黏液，加入石灰水中，用于粉刷墙壁，能增加石灰的黏着力，不易揩脱，并可用于制纸。

第五章 古树名木的历史与乡愁

灵隐法云古村东南路边的两株古刨花楠，树龄390年

四十四、红楠 *Machilus thunbergii* Sieb. et Zucc.

科：樟科　属：润楠属

资源分布

杭州市城区范围内有红楠古树1株，为三级古树，树龄110年，位于西湖风景名胜区六通宾馆内。

形态特征

常绿乔木，高可达20m。树干粗短，胸径可达4m；树皮黄褐色；枝条多而伸展，鳞片棕色，革质，宽圆形。叶片先端短突尖或短渐尖，尖头钝，基部楔形，革质，上面黑绿色，下面色较淡，带粉白，叶柄比较纤细。花序顶生或在新枝上腋生，多花，苞片卵形，有棕红色贴伏茸毛；花被裂片长圆形，花丝无毛，退化雄蕊基部有硬毛；子房球形，花柱细长。果扁球形，果梗鲜红色。花期2月，果期7月。

生长习性

稍耐阴，多生于湿润阴坡、山谷和溪边，喜中性、微酸性而多腐殖质的土壤。

应用价值

边材淡黄色，心材灰褐色，硬度适中，气干比重0.62，绝对比重为0.55，供建筑、家具、小船、胶合板、雕刻等用。叶可提取芳香油。种子油可制肥皂和润滑油。树皮入药，有舒筋活络之效。在东南沿海各地低山地区，可选用红楠为用材林和防风林树种，也可作为庭园树种。

六通宾馆内的古红楠，树龄110年

四十五、紫楠 *Phoebe sheareri* (Hemsl.) Gamble

科：樟科　属：楠属

资源分布

杭州市城区范围内有紫楠古树1株，为三级古树，树龄200年，位于西湖风景名胜区灵隐景区内。

形态特征

大灌木至乔木，高5~15m；树皮灰白色。小枝、叶柄及花序密被黄褐色或灰黑色柔毛或茸毛。叶革质，倒卵形、椭圆状倒卵形或阔倒披针形，长8~27cm，宽3.5~9cm，通常长12~18cm，宽4~7cm，先端突渐尖或突尾状渐尖，基部渐狭，上面完全无毛或沿脉上有毛，下面密被黄褐色长柔毛，少为短柔毛，中脉和侧脉上面下陷，侧脉每边8~13条，弧形，在边缘联结，横脉及小脉多而密集，结成明显网格状；叶柄长1~2.5cm。圆锥花序长7~15（18）cm，在顶端分枝；花长4~5mm；花被片近等大，卵形，两面被毛；能育雄蕊各轮花丝被毛，至少在基部被毛，第3轮特别密，腺体无柄，生于第3轮花丝基部，退化雄蕊花丝全被毛；子房球形，无毛，花柱通常直，柱头不明显或盘状。果卵形，长约1cm，直径5~6mm，果梗略增粗，被毛；宿存花被片卵形，两面被毛，松散；种子单胚性，两侧对称。花期4~5月，果期9~10月。

生长习性

耐阴树种，喜温暖湿润气候及深厚、肥沃、湿润而排水良好的微酸性及中性土壤；有一定的耐寒能力，南京、上海等地能正常生长。深根性，萌芽性强；生长较慢。

应用价值

树形端正美观，叶大荫浓，宜作庭荫树及绿化、风景树。在草坪孤植、丛植，或在大型建筑物前后配植，显得雄伟壮观。还有较好的防风、防火效能，可栽作防护林带。木材坚硬、耐腐，是建筑、造船、家具等良材。根、枝、叶均可提炼芳香油，供医药或工业用；种子可榨油，供制皂和作润滑油。

灵隐景区监察分队值班室东侧的古紫楠，树龄200年

四十六、檫木 *Sassafras tzumu* (Hemsl.) Hemsl.

科：樟科　**属：**檫木属

资源分布

杭州市城区范围内有檫木古树1株，为三级古树，树龄100年，位于西湖风景名胜区浙江大学之江校区内。

形态特征

高可达35m，胸径达2.5m。树皮平滑，顶芽大，椭圆形，芽鳞近圆形。叶片互生，聚集于枝顶，先端渐尖，基部楔形，裂片先端略钝，坚纸质，上面绿色，下面灰绿色，叶柄纤细。花序顶生，先叶开放，多花，与序轴密被棕褐色柔毛，苞片线形至丝状，位于花序最下部者最长；花黄色，雌雄异株；花梗纤细，花被筒极短，花被裂片披针形，花丝扁平，被柔毛。果近球形，果托呈红色。3~4月开花，5~9月结果。

生长习性

喜光、深根性，适宜在土层深厚、通气、排水良好的酸性土壤上生长。垂直分布在海拔800m以下的山地、丘陵。适生于年均气温12~20℃，绝对最低气温不低于-10℃。多分布于山地、丘陵坡地的中部至下部及坡麓。

应用价值

木材浅黄色，材质优良，细致，耐久，用于造船、水车及上等家具；根和树皮入药，有活血散瘀、祛风去湿的功效，可治扭挫伤和腰肌劳伤；果、叶和根尚含芳香油，根含油1%以上，油主要成分为黄樟油素。

浙江大之江校区内的古檫木，树龄100年（吴伟东 摄）

四十七、浙江红山茶 *Camellia chekiangoleosa* Hu

科：山茶科　**属**：山茶属

资源分布

杭州市城区范围内有浙江红山茶古树1株，为三级古树，树龄100年，位于西湖风景名胜区灵隐上天竺仰家塘路边竹园内。

形态特征

小乔木，高可达6m，嫩枝无毛。叶革质，椭圆形或倒卵状椭圆形，长8~12cm，宽2.5~5.5cm。花红色，单花顶生或腋生，直径8~12cm，无柄。蒴果卵球形，果宽5~7cm，先端有短喙；种子每室3~8粒，长2cm。花期4月。

生长习性

性喜温凉湿润的环境，喜排水良好、通透性好、腐殖质含量较高、湿润疏松的土壤，自然生长于常绿阔叶林、针叶林和针阔叶混交林内，密闭乔木林内则罕见。伴生植物以灌木丛为多。

应用价值

中国特有树种，集观赏、油用、药用于一身，是重要的油茶和茶花育种种质资源。具有重要的观赏价值和经济价值。

灵隐上天竺仰家塘路边林地内的古浙江红山茶，树龄100年

四十八、美人茶 *Camellia uraku* Kitam.

科：山茶科　**属**：山茶属

资源分布

杭州市城区范围内有美人茶古树1株，为三级古树，树龄100年，位于西湖风景名胜区中山公园纪念亭边。

形态特征

小乔木，嫩枝无毛。叶革质，椭圆形或长圆形，长6~9cm，宽3~4cm，先端短急尖，基部楔形，有时近于圆形，上面发亮，无毛，侧脉约7对，边缘有略钝的细锯齿，叶柄长7~8mm。花粉红色或白色，顶生，无柄，花瓣7片，花直径4~6cm；苞片及萼片8~9片，阔倒卵圆形，长4~15mm，有微毛；雄蕊3~4轮，长1.5~2cm，外轮花丝连成短管，无毛；子房有毛，3室，花柱长2cm，先端3浅裂。

生长习性

喜半阴，忌烈日；喜温暖气候，但又耐寒，是山茶属中较为抗寒的品种；喜酸性土壤。

应用价值

属于观赏类花卉植物。

中山公园纪念亭边的古美人茶，树龄100年

四十九、木荷 *Schima superba* Gardn. et Champ.

科：山茶科　属：木荷属

资源分布

杭州市城区范围内共有木荷古树2株，均为三级古树，全部在西湖风景名胜区云栖竹径内，树龄分别为160年和130年。

形态特征

大乔木，高25m，嫩枝通常无毛。叶革质或薄革质，椭圆形，长7~12cm，宽4~6.5cm，先端尖锐，有时略钝，基部楔形，上面干后发亮，下面无毛，侧脉7~9对，在两面明显，边缘有钝齿；叶柄长1~2cm。花生于枝顶叶腋，常多朵排成总状花序，直径3cm，白色，花柄长1~2.5cm，纤细，无毛；苞片2，贴近萼片，长4~6mm，早落；萼片半圆形，长2~3mm，外面无毛，内面有绢毛；花瓣长1~1.5cm，最外1片风帽状，边缘多少有毛；子房有毛。蒴果直径1.5~2cm。花期6~8月。

生长习性

喜光，幼年稍耐庇荫。适应亚热带气候，分布区年降水量1200~2000mm，年平均气温15~22℃。对土壤适应性较强，酸性土如红壤、红黄壤、黄壤上均可生长，但以在肥厚、湿润、疏松的砂壤土生长良好。

应用价值

中国珍贵的用材树种，树干通直，材质坚韧，结构细致，耐用，易加工，是纺织工业中制作纱锭、纱管的上等材料；又是桥梁、船舶、车辆、建筑、农具、家具、胶合板等优良用材，树皮、树叶含鞣质，可以提取单宁。木荷还是很好的防火树种。

第五章 古树名木的历史与乡愁

云栖遇雨亭东上坡竹林中的古木荷,树龄130年(张红梅 摄)

五十、蚊母树 *Distylium racemosum* Sieb. et Zucc.

科：金缕梅科　**属**：蚊母树属

资源分布

杭州市城区范围内有蚊母树古树1株，为三级古树，树龄106年，位于西湖风景名胜区一公园澄庐前。

形态特征

常绿灌木或中等乔木，嫩枝有鳞垢，老枝秃净，干后暗褐色；芽体裸露无鳞状苞片，被鳞垢。叶革质，椭圆形或倒卵状椭圆形，长3~7cm，宽1.5~3.5cm，先端钝或略尖，基部阔楔形，上面深绿色，发亮，下面初时有鳞垢，以后变秃净，侧脉5~6对，在上面不明显，在下面稍突起，网脉在上下两面均不明显，边缘无锯齿；叶柄长5~10mm，略有鳞垢。托叶细小，早落。总状花序长约2mm，花序轴无毛，总苞2~3片，卵形，有鳞垢；苞片披针形，长3mm，花雌雄同在一个花序上，雌花位于花序的顶端；萼筒短，萼齿大小不相等，被鳞垢；雄蕊5~6个，花丝长约2mm，花药长3.5mm，红色；子房有星状茸毛，花柱长6~7mm。蒴果卵圆形，长1~1.3cm，先端尖，外面有褐色星状茸毛，上半部两片裂开，每片2浅裂，不具宿存萼筒，果梗短，长不及2mm。种子卵圆形，长4~5mm，深褐色、发亮，种脐白色。

生长习性

多生于亚热带常绿林中。植物喜光，稍耐阴，喜温暖湿润气候，耐寒性不强。对土壤要求不严，酸性、中性土壤均能适应，而以排水良好而肥沃、湿润土壤为最好。萌芽、发枝力强，耐修剪。

应用价值

对烟尘及多种有毒气体抗性很强，能适应城市环境。树皮内含鞣质，可制栲胶；木材坚硬，可作家具、车辆等用材。对二氧化硫及氯气有很强的抵抗力。

第五章　古树名木的历史与乡愁

一公园澄庐前的古蚊母树，树龄106年（江志清 摄）

五十一、檵木 *Loropetalum chinense* (R. Br.) Oliv.

科：金缕梅科　属：檵木属

资源分布

杭州市城区范围内共有檵木古树2株，均为三级古树，树龄100年，全部在拱墅区浙江省人民医院内。

形态特征

灌木，有时为小乔木，多分枝，小枝有星毛。叶革质，卵形，长2~5cm，宽1.5~2.5cm，先端尖锐，基部钝，不等侧，上面略有粗毛或秃净，干后暗绿色，无光泽，下面被星毛，稍带灰白色，侧脉约5对，在上面明显，在下面突起，全缘；叶柄长2~5mm，有星毛；托叶膜质，三角状披针形，长3~4mm，宽1.5~2mm，早落。花3~8朵簇生，有短花梗，白色，比新叶先开放，或与嫩叶同时开放，花序柄长约1cm，被毛；苞片线形，长3mm；萼筒杯状，被星毛，萼齿卵形，长约2mm，花后脱落；花瓣4片，带状，长1~2cm，先端圆或钝；雄蕊4个，花丝极短，药隔突出成角状；退化雄蕊4个，鳞片状，与雄蕊互生；子房完全下位，被星毛；花柱极短，长约1mm；胚珠1个，垂生于心皮内上角。蒴果卵圆形，长7~8mm，宽6~7mm，先端圆，被褐色星状茸毛，萼筒长为蒴果的2/3。种子圆卵形，长4~5mm，黑色，发亮。花期3~4月。

生长习性

喜光、宜温暖湿润微酸性红壤，亦耐寒耐旱，萌发力强。

浙江省人民医院二号楼边的两株古檵木，树龄100年

应用价值

根、叶、花、果可入药,能解热、止血、通经活络;木材坚实耐用;核和叶含鞣质,可提栲胶。

浙江省人民医院二号楼边的两株古檵木,树龄100年

五十二、木香 *Rosa banksiae* Ait.

科：蔷薇科　属：蔷薇属

资源分布

杭州市城区范围内有木香古树1株，为三级古树，树龄210年，位于西湖风景名胜区北山街两岸咖啡长廊附近。

形态特征

攀缘小灌木，高可达6m。小枝圆柱形，无毛，有短小皮刺。小叶3~5，叶片椭圆状卵形或长圆状披针形。花小型，多朵组成伞形花序，萼片卵形，花瓣重瓣至半重瓣，白色，倒卵形。花期4~5月。生溪边、路旁或山坡灌丛中。

生长习性

喜温暖湿润和阳光充足的环境，耐寒冷和半阴，怕涝。地栽可植于向阳、无积水处，对土壤要求不严，但在疏松肥沃、排水良好的土壤中生长好。萌芽力强，耐修剪。

应用价值

花含芳香油，可供配制香精化妆品用。著名观赏植物，适作绿篱和棚架。根和叶入药。有收敛、止痢、止血作用。

第五章 古树名木的历史与乡愁

北山路镜湖厅旁的古木香,树龄210年(江志清 摄)

五十三、黄檀 *Dalbergia hupeana* Hance

科：豆科　**属**：黄檀属

资源分布

杭州市城区范围内有黄檀古树1株，为三级古树，树龄175年，位于西湖风景名胜区中国农业科学院茶叶研究所内。

形态特征

乔木，高10~20m；树皮暗灰色，呈薄片状剥落。幼枝淡绿色，无毛。羽状复叶长15~25cm；小叶3~5对，近革质，椭圆形至长圆状椭圆形，长3.5~6cm，宽2.5~4cm，先端钝或稍凹入，基部圆形或阔楔形，两面无毛，细脉隆起，上面有光泽。

生长习性

喜光，耐干旱瘠薄，不择土壤，但以在深厚湿润排水良好的土壤生长较好，忌盐碱地；深根性，萌芽力强。生于山地林中或灌丛中，山沟溪旁及有小树林的坡地常见。对立地条件要求不严。在陡坡、山脊、岩石裸露、干旱瘦瘠的地区均能适生。

应用价值

木材黄白色或黄淡褐色，结构细密，质硬重，切面光滑，耐冲击，不易磨损，富于弹性，材色美观悦目，油漆胶黏性好，是运动器械、玩具、雕刻及其他细木工优良用材。民间利用此材作斧头柄、农具等；果实可以榨油。

茶叶研究所5号楼前的古黄檀（冬季效果），树龄175年（张红梅 摄）

五十四、皂荚 *Gleditsia sinensis* Lam.

科：豆科　**属**：皂荚属

资源分布

杭州市城区范围内共有皂荚古树2株，其中二级古树1株，三级古树1株，全部在西湖风景名胜区，分布于满觉陇水乐洞和葛岭抱朴道院南。

形态特征

落叶乔木或小乔木，高可达30m。枝灰色至深褐色，刺粗壮，圆柱形，常分枝，多呈圆锥状，长达16cm。叶为一回羽状复叶，长10~18（26）cm；小叶（2）3~9对，纸质，卵状披针形至长圆形，长2~8.5（12.5）cm，宽1~4（6）cm，先端急尖或渐尖，顶端圆钝，具小尖头，基部圆形或楔形，有时稍歪斜，边缘具细锯齿，上面被短柔毛，下面中脉上稍被柔毛；网脉明显，在两面凸起；小叶柄长1~2（5）mm，被短柔毛。花杂性，黄白色，组成总状花序，花序腋生或顶生，长5~14cm，被短柔毛；雄花直径9~10mm；花梗长2~8（10）mm；花托长2.5~3mm，深棕色，外面被柔毛；萼片4，三角状披针形，长3mm，两面被柔毛；花瓣4，长圆形，长4~5mm，被微柔毛；雄蕊8(6)；退化雌蕊长2.5mm；两性花直径10~12mm；花梗长2~5mm；萼、花瓣与雄花的相似，唯萼片长4~5mm，花瓣长5~6mm；雄蕊8；子房缝线上及基部被毛，柱头浅2裂；胚珠多数。荚果带状，长12~37cm，宽2~4cm，劲直或扭曲，果肉稍厚，两面鼓起，或有的荚果短小，多少呈柱形，长5~13cm，宽1~1.5cm，弯曲作新月形，通常称猪牙皂，内无种子；果颈长1~3.5cm；果瓣革质，褐棕色或红褐色，常被白色粉霜；种子多颗，长圆形或椭圆形，长11~13cm，宽8~9mm，棕色，光亮。花期3~5月；果期5~12月。

生长习性

为深根性树种，对土壤要求不严，地下水位不可过高，喜光不耐阴，耐干旱、耐酷暑、耐严寒，喜温暖气候。

应用价值

木材坚硬，为车辆、家具用材；荚果煎汁可代肥皂用以洗涤丝毛织物；嫩芽油盐调食，其子煮熟糖渍可食。荚、子、刺均入药，有祛痰通窍、镇咳利尿、消肿排脓、杀虫治癣之效。

文化故事

葛岭古皂荚   编号018630600083，三级

皂荚也称皂角，是豆科皂荚属落叶乔木。皂荚自古就被人们用来沐浴清洁、防虫蛀等。早在宋代时期，勤劳智慧的古人们就发明了一种人工洗涤剂，他们将天然的皂荚捣碎研细，加上香料等，制作成橘子大小的球状，专供人们洗澡沐浴之用，俗称"肥皂团"。欧阳修曾记载："淮南人藏盐酒蟹，凡一器数十蟹，以皂荚半挺置其中，则可藏经岁不沙。"清代王士禛《香祖笔记》："以皂荚末置书中，以辟蠹。"

皂荚除了用于沐浴、防虫之外，还有药用价值。目前西湖风景名胜区有一株树龄260年的古皂荚，位于葛岭抱朴道院南边。相传道教的祖师爷葛洪道士曾在葛岭抱朴道院内潜心医术，悬壶济世，并留下了《金匮药方》《肘后备急方》等伟大的医学著作。其中《肘后备急方》一书中特别提到了将皂荚入药的方法。

葛岭抱朴道院南侧的古皂荚，树龄260年（江志清 摄）

五十五、常春油麻藤 *Mucuna sempervirens* (Dum.-Cour.) Hemsl.

科：豆科　属：油麻藤属

资源分布

杭州市城区范围内共有常春油麻藤古树3株，均为三级古树，全部在西湖风景名胜区，其中2株位于吴山景区，1株位于虎跑烟霞洞。

形态特征

常绿木质藤本，长达10m，基部径可达20cm，皮暗褐色。茎枝有明显纵沟。羽状三出复叶，叶柄长5.5~12cm，具浅沟，无毛，小叶片革质，全缘；顶生小叶片卵状椭圆形或卵状长圆形，长7~13cm，先端渐尖或短渐尖，基部圆楔形，侧生小叶片基部偏斜，上面深绿色，有光泽，下面浅绿色，幼时疏被平伏毛，老时脱落。总状花序生于老茎上，花多数；花萼钟状，外面有稀疏锈色长硬毛，内面密生绢状茸毛；花冠紫红色，大而美丽，干后变黑色，长约6.5cm，旗瓣宽卵形，长约2.5cm，翼瓣卵状长圆形，长约4.2cm；子房无柄，被锈色长硬毛，花柱无毛。荚果近木质，长线形，长达60cm，扁平，被黄锈色毛，两缝线有隆起的脊，表面无皱襞，种子间沿两缝线略缢缩；有10~17粒种子。种子棕褐色，扁长圆形，长2~2.8cm，种脐包围种子的1/2~2/3。花期4~5月，果期9~10月。

生长习性

多生于稍蔽荫的山坡、山谷、溪沟边、林下岩石旁。

吴山四宜路长廊的古油麻藤，树龄150年（孙小明 摄）

第五章 古树名木的历史与乡愁

吴山四宜路长廊的古油麻藤，树龄150年（何冬琴 摄）

文化故事

吴山古常春油麻藤 编号018630700076和018630700077，均为三级

吴山上有两株百年常春油麻藤，它们扎根在西湖风景名胜区吴山西南面的四宜路上方，从吴山十二生肖石步行，10分钟左右可以到达。

吴山上的这两株常春油麻藤，树龄已经有150年，攀缘树高10余米，最粗的地方直径约70cm，藤蔓上下相连，迁延方圆近百米。藤蔓形态各异，有的弯曲似蛇，有的扭曲成绳索。

"清明雨涤景皆新，此处幽林最引人。远望玉帘垂野谷，近疑奇鸟聚虬根。"这首诗说的便是常春油麻藤。每年4~5月，常春油麻藤开花，花形酷似雀鸟，花托似禾雀头，有两块花瓣卷拢成翅状，正中的一瓣弯弓似雀背，两侧的花瓣似雀翼，底瓣后伸，似为尾巴，吊挂成串，犹如成群结队的"禾雀"整装待发。

吴山四宜路长廊的古油麻藤，树龄150年

五十六、刺槐 *Robinia pseudoacacia* Linn.

科：豆科　**属**：刺槐属

资源分布

杭州市城区范围内有刺槐古树1株，为三级古树，树龄120年，位于西湖风景名胜区吴山景区内。

形态特征

原产于北美洲，现被广泛引种到亚洲、欧洲等地。树皮厚，暗色，纹裂多。叶根部有一对1~2mm长的刺。花白色，有香味，穗状花序。荚果，每个果荚中有4~10粒种子。

生长习性

对水分条件很敏感，在地下水位过高、水分过多的地方生长缓慢，易诱发病害，造成植株烂根、枯梢甚至死亡。有一定的抗旱能力。喜土层深厚、肥沃、疏松、湿润的壤土、砂质壤土、砂土或黏壤土，在中性土、酸性土、含盐量在0.3%以下的盐碱性土上都可以正常生长，在积水、通气不良的黏土上生长不良，甚至死亡。喜光，不耐庇荫。

应用价值

材质硬重，抗腐耐磨，宜作枕木、车辆、建筑、矿柱等多种用材；生长快，萌芽力强，是速生薪炭林树种；又是优良的蜜源植物。

财政博物馆上坎的古刺槐，树龄120年

五十七、龙爪槐 *Sophora japonica* Linn. var. *pendula* Lour.

科：豆科　属：槐属

资源分布

杭州市城区范围内共有龙爪槐古树3株，均为三级古树，全部在西湖风景名胜区，其中1株位于孤山文澜阁进门假山前，2株位于中山公园正门口两侧。

形态特征

枝和小枝均下垂，并向不同方向弯曲盘旋，形似龙爪。羽状复叶长达25cm；叶轴初被疏柔毛，旋即脱净；叶柄基部膨大，包裹着芽；托叶形状多变，有时呈卵形、叶状，有时线形或钻状，早落；小叶4~7对，对生或近互生，纸质，卵状披针形或卵状长圆形，长2.5~6cm，宽1.5~3cm，先端渐尖，具小尖头，基部宽楔形或近圆形，稍偏斜，下面灰白色，初被疏短柔毛，旋变无毛；小托叶2枚，钻状。

生长习性

喜光，稍耐阴。能适应干冷气候。喜生于土层深厚、湿润肥沃、排水良好的砂质壤土。深根性，根系发达，抗风力强，萌芽力亦强，寿命长。对二氧化硫、氟化氢、氯气等有毒气体及烟尘有一定抗性。

应用价值

树冠优美，花芳香，是行道树和优良的蜜源植物；花和荚果入药，有清凉收敛、止血降压作用；叶和根皮有清热解毒作用，可治疗疮毒；木材供建筑用。

文化故事

又名垂槐、蟠槐、倒栽槐。是槐的一个变型。上部蟠曲如龙，老树奇特苍古。明代顾起元的《客座赘语》一文中称："龙爪槐，蟠曲如虬龙挐攫之形，树不甚高，仅可丈许，花开类槐花微红，作桂花香。"清代的杭州文学家徐珂在《清稗类钞·植物》记载："工部营缮司槐及城南龙爪槐，皆极参差蜿蜒之致。"

观赏价值很高，在园林中有很重要的地位，人们常对称种植于庙宇、祠堂等建筑物两侧，以点缀庭园。

中山公园门口的两株古龙爪槐（冬季效果），树龄100年

第五章 古树名木的历史与乡愁

中山公园门口的两株古龙爪槐,树龄100年(何振峻 摄)

五十八、紫藤 *Wisteria sinensis* (Sims) Sweet

科：豆科　属：紫藤属

资源分布

杭州市城区范围内共有紫藤古树5株，均为三级古树，全部位于西湖风景名胜区北山街镜湖厅附近。

形态特征

落叶攀缘缠绕性大藤本。干皮深灰色，不裂；春季开花，蝶形花冠，花紫色或深紫色，十分美丽。

生长习性

对气候和土壤适应性强，较耐寒，能耐水湿及瘠薄土壤，喜光，也耐阴。以土层深厚、排水良好的土壤为好，最宜在避风向阳的地方种植。主根深，侧根浅，不耐移植，生长较快。

应用价值

为长寿树种，民间习见种植，成年的植株茎蔓蜿蜒屈曲，开花繁多，串串花序悬挂于绿叶藤蔓之间，瘦长的荚果迎风摇曳，自古以来中国文人皆爱以其为题材咏诗作画。在庭院中用其攀绕棚架，制成花廊，或用其攀绕枯木，有枯木逢春之意。还可做成姿态优美的悬崖式盆景，置于高几架、书柜顶上，繁花满树，老桩横斜，别有韵致。

文化故事

北山街镜湖厅古紫藤

自古以来中国文人皆爱以其为题材咏诗作画。最早的关于紫藤的诗便是李白的："紫藤挂云木，花蔓宜阳春。密叶隐歌鸟，香风留美人。"

镜湖厅，位于西泠桥和新新饭店之间，南面朝西湖，北面接北山街。原为纪念民族英雄秋瑾所建。镜湖厅的这5株紫藤，有4株树龄为210年，1株树龄为230年。每当仲春时节，苍老的古藤在长长的花架长廊上蜿蜒屈曲，一串串硕大的花穗垂挂枝头，紫花烂漫，摇曳生姿，远处遥望，似若蝴蝶翩飞。

北山路镜湖厅旁的古紫藤,树龄210年(江志清 摄)

五十九、重阳木 *Bischofia polycarpa* (Levl.) Airy-Shaw

科：大戟科　属：秋枫属

资源分布

杭州市城区范围内有重阳木古树1株，为三级古树，树龄205年，位于临平区临平街道钱江社区内。

形态特征

落叶乔木，高达15m，胸径50cm，有时达1m。树皮褐色，厚可达6mm，纵裂；木材表面槽棱不显；树冠伞形状，大枝斜展，小枝无毛，当年生枝绿色，皮孔明显，灰白色，老枝变褐色，皮孔变锈褐色；芽小，顶端稍尖或钝，具有少数芽鳞；全株均无毛。三出复叶；叶柄长9~13.5cm；顶生小叶通常较两侧的大，小叶片纸质，卵形或椭圆状卵形，有时长圆状卵形，长5~9（14）cm，宽3~6（9）cm，顶端突尖或短渐尖，基部圆或浅心形，边缘具钝细锯齿，每1cm有4~5个；顶生小叶柄长1.5~4（6）cm，侧生小叶柄长3~14mm；托叶小，早落。花雌雄异株，春季与叶同时开放，组成总状花序；花序通常着生于新枝的下部，花序轴纤细而下垂；雄花序长8~13cm；雌花序长3~12cm；雄花：萼片半圆形，膜质，向外张开；花丝短；有明显的退化雌蕊；雌花：萼片与雄花的相同，有白色膜质的边缘；子房3~4室，每室2胚珠，花柱2~3，顶端不分裂。果实浆果状，圆球形，直径5~7mm，成熟时褐红色。花期4~5月，果期10~11月。

生长习性

暖温带树种，属阳性。喜光，稍耐阴。喜温暖气候，耐寒性较弱。对土壤的要求不严，在酸性土和微碱性土中皆可生长，但在湿润、肥沃的土壤中生长最好。耐旱，也耐瘠薄，且能耐水湿，抗风耐寒。

应用价值

材质略重而坚韧，结构细而匀，有光泽，适于建筑、造船、车辆、家具等用材。果肉可酿酒。种子含油量30%，可供食用，也可作润滑油和肥皂油。

第五章 古树名木的历史与乡愁

临平钱江社区内的古重阳木，树龄205年

六十、乌桕 *Sapium sebiferum* (Linn.) Roxb.

科：大戟科　属：乌桕属

资源分布

杭州市城区范围内有乌桕古树1株，为三级古树，树龄160年，位于西湖风景名胜区三潭印月岳庙码头入口。

形态特征

乔木，高5~10m，各部均无毛；枝带灰褐色，具细纵棱，有皮孔。叶互生，纸质，叶片阔卵形，长2~10cm，宽5~9cm，顶端短渐尖，基部阔而圆、截平或有时微凹，全缘，近叶柄处常向腹面微卷；中脉两面微凸起，侧脉7~9对，互生或罕有近对生，平展或略斜上升，离缘2~5mm弯拱网结，网脉明显；叶柄纤弱，长2~6cm，顶端具2腺体；托叶三角形，长1~1.5mm。花单性，雌雄同株，聚集成顶生、长3~12mm的总状花序，雌花生于花序轴下部，雄花生于花序轴上部或有时整个花序全为雄花。雄花：花梗纤细，长1~3mm；苞片卵形或阔卵形，长1.5~2mm，宽1.5~1.8mm，顶端短尖至渐尖，基部两侧各具一肾形的腺体，每一苞片内有5~10朵花；小苞片长圆形，蕾期紧抱花梗，长1~1.5mm，顶端浅裂或具齿；花萼杯状，具不整齐的小齿；雄蕊2枚，罕有3枚，伸出于花萼之外，花丝分离，与近球形的花药近等长。雌花：花梗圆柱形，粗壮，长2~5mm；苞片和小苞片与雄花的相似；花萼3深裂几达基部，裂片三角形，长约2mm，宽近1mm；子房卵状球形，3室，花柱合生部分与子房近等长，柱头3，外卷。蒴果近球形，成熟时黑色，横切面呈三角形，直径3~5mm，外薄被白色、蜡质的假种皮。花期5~7月。

三潭印月岳庙码头入口处的古乌桕，树龄160年

生长习性

阳性植物，性喜高温、湿润、向阳之地，生长适宜温度为20~30℃，主根发达，抗风力强，生长快速，耐热也耐寒、耐旱、耐瘠。

应用价值

木材白色，坚硬，纹理细致，用途广。叶为黑色染料，可染衣物。根皮治毒蛇咬伤。白色之蜡质层（假种皮）溶解后可制肥皂、蜡烛；种子油适于涂料，可涂油纸、油伞等。

第五章 古树名木的历史与乡愁

三潭印月岳庙码头入口处的古乌桕，树龄160年

六十一、鸡爪槭 *Acer palmatum* Thunb.

科：槭树科　**属**：槭属

资源分布

杭州市城区范围内有鸡爪槭古树1株，为三级古树，树龄100年，位于西湖风景名胜区丁家山畔的刘庄内。

形态特征

落叶小乔木。树皮深灰色。小枝细瘦。叶纸质，圆形，直径6~10cm，基部心脏形或近于心脏形，稀截形，5~9掌状分裂，通常7裂，花紫色。小坚果球形，直径约7mm，脉纹显著；翅与小坚果共长2~2.5cm，宽1cm，张开成钝角。花期5月，果期9月。

生长习性

喜光，但忌西晒，西晒会焦叶。较耐阴，在高大树木庇荫下长势良好。对二氧化硫和烟尘抗性较强。其叶形美观，入秋后转为鲜红色，色艳如花，灿烂如霞，为优良的观叶树种。

应用价值

可作行道树和观赏树栽植，是园林中名贵的乡土观赏树种。

刘庄1号楼北侧的古鸡爪槭，树龄100年

六十二、羽毛枫 *Acer palmatum* Thunb. 'Dissectum'

科：槭树科　属：槭树属

资源分布

杭州市城区范围内有羽毛枫古树1株，为三级古树，树龄100年，位于西湖风景名胜区花港观鱼牡丹亭前。

形态特征

羽毛枫是园艺品种，为落叶灌木，株高一般不超过4m，树冠开展。枝略下垂，新枝紫红色，成熟枝暗红色。嫩叶艳红，密生白色软毛，叶片舒展后渐脱落，叶色亦由艳丽转淡紫色甚至泛暗绿色；叶片掌状深裂达基部，裂片狭似羽毛，有皱纹，入秋逐渐转红。其他特征同鸡爪槭。花紫色，杂性，雄花与两性花同株，生于无毛的伞房花序，总花梗长2~3cm，叶发出以后才开花；萼片5，卵状披针形，先端锐尖，长3mm；花瓣5，椭圆形或倒卵形，先端钝圆，长约2mm；雄蕊8，无毛，较花瓣略短而藏于其内；花盘位于雄蕊的外侧，微裂；子房无毛，花柱长，2裂，柱头扁平，花梗长约1cm，细瘦，无毛。翅果嫩时紫红色，成熟时淡棕黄色；小坚果球形，直径7mm，脉纹显著；翅与小坚果共长2~2.5cm，宽1cm，张开成钝角。花期5月，果期9月。

生长习性

喜光，喜温暖湿润气候，喜肥沃、疏松、排水良好的土壤。

应用价值

凡各式庭院绿地、草坪、林缘、亭台假山、门厅入口、宅旁路隅以及池畔均可栽植。是园林造景中不可缺少的观赏树种。

花港牡丹亭的古羽毛枫，树龄100年

六十三、无患子 *Sapindus mukorossi* Gaertn.

科：无患子科　属：无患子属

资源分布

杭州市城区范围内有无患子古树2株，均为三级古树，树龄在200年以上，全部在西湖风景名胜区，分布于孤山和灵隐景区。

形态特征

落叶大乔木，高可达20余米，树皮灰褐色或黑褐色。嫩枝绿色，无毛。叶连柄长25~45cm或更长，叶轴稍扁，上面两侧有直槽，无毛或被微柔毛；小叶5~8对，通常近对生，叶片薄纸质，长椭圆状披针形或稍呈镰形，长7~15cm或更长，宽2~5cm，顶端短尖或短渐尖，基部楔形，稍不对称，腹面有光泽，两面无毛或背面被微柔毛；侧脉纤细而密，15~17对，近平行；小叶柄长约5mm。花序顶生，圆锥形；花小，辐射对称，花梗常很短；萼片卵形或长圆状卵形，大的长约2mm，外面基部被疏柔毛；花瓣5，披针形，有长爪，长约2.5mm，外面基部被长柔毛或近无毛，鳞片2个，小耳状；花盘碟状，无毛；雄蕊8，伸出，花丝长约3.5mm，中部以下密被长柔毛；子房无毛。果的发育分果爿近球形，直径2~2.5cm，橙黄色，干时变黑。花期春季，果期夏秋。

生长习性

喜光，稍耐阴，耐寒能力较强。对土壤要求不严，深根性，抗风力强。不耐水湿，能耐干旱。萌芽力弱，不耐修剪。生长较快，寿命长。

应用价值

根和果入药，味苦微甘，有小毒，可清热解毒、化痰止咳；果皮含有皂素，可代肥皂，尤宜于丝质品之洗濯；木材质软，边材黄白色，心材黄褐色，可做箱板和木梳等。

文化故事：

说起无患子，就不由得想起鲁迅先生的名篇《从百草园到三味书屋》："我家的后面有一个很大的园，相传叫作百草园……不必说碧绿的菜畦，光滑的石井栏，高大的皂荚树，紫红的桑椹；也不必说鸣蝉在树叶里长吟，肥胖的黄蜂伏在菜花上，轻捷的叫天子忽然从草间直窜向云霄里去了……"

鲁迅先生笔下"高大的皂荚树"，经过学者多方考证，并非是豆科皂荚属的皂荚树，而是属于无患子科无患子属的无患子树。因为皂荚树的果实长长扁扁像扁豆，而在百草园内的无患子却是结类似龙眼的小核果。

无患子因其果肉内含有皂素，在旧时，人们常用它作清洁剂，很多地方又叫它肥皂树。

孤山净因亭东侧游步道边古无患子,树龄200年

六十四、七叶树 *Aesculus chinensis* Bunge

科：七叶树科　　**属**：七叶树属

资源分布

杭州市城区范围内共有七叶树古树9株，均在西湖风景名胜区，分布于虎跑公园、灵隐景区、云栖竹径等地，其中有一级古树2株，三级古树7株，树龄最大的1株为610年。

形态特征

落叶乔木，高可达25m，树皮深褐色或灰褐色，小枝圆柱形，黄褐色或灰褐色，有淡黄色的皮孔。冬芽大形，有树脂。掌状复叶，由5~7小叶组成，上面深绿色，无毛，下面除中肋及侧脉的基部嫩时有疏柔毛外，其余部分无毛。花序圆筒形，花序总轴有微柔毛，小花序常由5~10朵花组成，平斜向伸展，有微柔毛；花杂性，雄花与两性花同株，花萼管状钟形，花瓣4，白色，长圆状倒卵形至长圆状倒披针形。果实球形或倒卵圆形，黄褐色，无刺，具很密的斑点。种子常1~2粒发育，近于球形，栗褐色；种脐白色，约占种子体积的1/2。花期4~5月，果期10月。

生长习性

喜温暖湿润气候，较耐寒，耐半阴，深根性，畏酷热，在土层深厚、排水良好而肥沃、湿润之地生长良好，生长较慢而寿命长。

应用价值

种子可食用，但直接食用味道苦涩，需用碱水煮后食用，味如板栗。也可提取淀粉。木材细密可制造各种器具，种子可作药用，榨油可制造肥皂。七叶树树形优美，花大秀丽，果形奇特，是观叶、观花、观果不可多得的树种，为世界著名的观赏树种之一。

第五章 古树名木的历史与乡愁

虎跑公园罗汉堂前的古七叶树，树龄100年（鲍紫薇 摄）

文化故事

灵隐寺古七叶树 编号018610200059，一级

  灵隐寺是中外游客来杭州的必到景点之一，这座藏于深山的古寺至今已有约1700年的历史，是杭州最早的名刹。既然是千年名刹，自然是古树繁多，其中的一株七叶树在灵隐寺中已经有600年了。这株七叶树高达22m，胸围4.6m，冠幅14.55m。

  七叶树，因其树叶似手掌多为7个叶片而得名。此树夏初开花，花如塔状，又像烛台，每到花开之时，如手掌般的叶子托起宝塔，又像供奉着烛台。4片淡白色的小花瓣尽情绽放，花芯内7个橘红色的花蕊向外吐露芬芳，花瓣上泛起的黄色，使得小花更显俏丽，而远远望去，整个花串又白中泛紫，像是蒙上了一层薄薄的面纱。

  七叶树自古和佛教颇有渊源：在印度王舍城有一岩窟，周围长满七叶树，因而这里又叫七叶岩、七叶窟、七叶园。此地是佛祖释迦牟尼的精舍。所谓精舍就是佛祖居住和说法布道的地方。在佛祖释迦牟尼涅槃后，他的弟子迦叶尊者于此地会五百贤圣，以阿难陀、优婆离、迦叶等为上首，结集经、律、论三藏，安居三月，完成佛所说法的结集，其意义重大。所以在佛教中七叶树又被称为佛树。

第五章 古树名木的历史与乡愁

灵隐佛教协会内古七叶树，树龄600年

六十五、枸骨 *Ilex cornuta* Lindl.

科：冬青科　属：冬青属

资源分布

杭州市城区范围内有枸骨古树1株，为三级古树，树龄165年，位于西湖区西湖大学内。

形态特征

常绿灌木或小乔木。树皮灰白色，幼枝具纵脊及沟。叶片厚革质，呈长圆形，全缘，先端具硬刺。花序簇生于叶腋内，花很小，呈淡黄色，花瓣长圆状卵形。果倒卵形或椭圆形，熟时为鲜红色。花期4~5月，果期10~12月。

生长习性

生长于海拔150~1900m的山坡、丘陵等的灌丛中、疏林中以及路边、溪旁和村舍附近；耐干旱，喜肥沃的酸性土壤，不耐盐碱，较耐寒；喜阳光，也耐阴，适宜在阴湿的环境中生长。

应用价值

根有滋补强壮、活络、清风热、祛风湿之功效；枝叶用于治疗肺痨咳嗽、劳伤失血、腰膝痿弱、风湿痹痛；果实用于治疗阴虚身热、淋浊、筋骨疼痛等症，枸骨种子含油，可作肥皂原料；树皮可作染料和提取栲胶；木材软韧，可用作牛鼻栓；树形美丽，果实秋冬红色，挂于枝头，可以供庭园观赏。

西湖大学内的古枸骨，树龄165年（黄永梁 摄）

第五章 古树名木的历史与乡愁

西湖大学内的古枸骨，树龄165年（黄永梁 摄）

六十六、大叶冬青 *Ilex latifolia* Thunb.

科：冬青科　属：冬青属

资源分布

杭州市城区范围内有大叶冬青名木1株，树龄70年，位于西湖风景名胜区玉皇山顶。

形态特征

常绿大乔木。叶片厚革质，长圆形或卵状长圆形。由聚伞花序组成的假圆锥花序生于二年生枝的叶腋内，无总梗；花淡黄绿色。果球形，成熟时红色。花期4月，果期9~10月。

生长习性

生长缓慢，耐阴湿，喜温暖肥沃的砂壤土，年均气温不低于-10℃的地方均可栽植；还具有良好的水土保持能力。

应用价值

可入药，木材可作细工原料；树皮可提栲胶；亦可作园林绿化树种。

玉皇山顶的大叶冬青，树龄70年

六十七、白杜 *Euonymus maackii* Rupr.

科：卫矛科　**属**：卫矛属

资源分布

杭州市城区范围内有白杜古树1株，为三级古树，树龄114年，位于西湖区和家园小区内。

形态特征

小乔木，高达6m。叶卵状椭圆形、卵圆形或窄椭圆形，长4~8cm，宽2~5cm，先端长渐尖，基部阔楔形或近圆形，边缘具细锯齿，有时极深而锐利；叶柄通常细长，常为叶片的1/4~1/3，但有时较短。聚伞花序3至多花，花序梗略扁，长1~2cm；花4数，淡白绿色或黄绿色，直径约8mm；小花梗长2.5~4mm；雄蕊花药紫红色，花丝细长，长1~2mm。蒴果倒圆心状，4浅裂，长6~8mm，直径9~10mm，成熟后果皮粉红色；种子长椭圆状，长5~6mm，直径约4mm，种皮棕黄色，假种皮橙红色，全包种子，成熟后顶端常有小口。花期5~6月，果期9月。

生长习性

温带树种，喜光、耐寒、耐旱、稍耐阴，也耐水湿；为深根性植物，根萌蘖力强，生长较慢。

应用价值

木材可供器具及细工雕刻用；叶可代茶；树皮含硬橡胶，种子含油率达40%以上，可作工业用油；花果与根均入药。其木材白色细致，是雕刻、小工艺品、桅杆、滑车等细木工的上好用材。树皮含有硬橡胶，种子含油量高，可制作肥料。

和家园小区内的古白杜，树龄114年

六十八、梧桐 *Firmiana simplex* (L.) F. W. Wight

科：梧桐科　**属**：梧桐属

资源分布

杭州市城区范围内有梧桐古树1株，为三级古树，树龄150年，位于西湖风景名胜区灵隐法净寺东侧林地中。

形态特征

落叶乔木。嫩枝和叶柄多少有黄褐色短柔毛，枝内白色中髓有淡黄色薄片横隔。叶片宽卵形、卵形、三角状卵形或卵状椭圆形，顶端渐尖，基部截形或宽楔形，很少近心形，全缘或有波状齿，两面疏生短柔毛或近无毛。伞房状聚伞花序顶生或腋生；花萼紫红色，5裂几达基部；花冠白色或带粉红色；花柱不超出雄蕊。核果近球形，成熟时蓝紫色。

生长习性

喜光，喜温暖湿润气候，耐寒性不强；喜肥沃、湿润、深厚而排水良好的土壤，在酸性、中性及钙质土上均能生长，但不宜在积水洼地或盐碱地栽种，又不耐草荒。

应用价值

行道树及庭园绿化观赏树。

灵隐法净寺东侧林地中的古梧桐，树龄150年

六十九、佘山羊奶子 *Elaeagnus argyi* Levl.

科： 胡颓子科　　**属：** 胡颓子属

资源分布

杭州市城区范围内有佘山羊奶子古树1株，为三级古树，树龄110年，位于西湖风景名胜区花港观鱼公园印影亭旁。

形态特征

落叶或常绿直立灌木，高2~3m，通常具刺。小枝近90°的角开展，幼枝淡黄绿色，密被淡黄白色鳞片，稀被红棕色鳞片，老枝灰黑色；芽棕红色。叶大小不等，发于春秋两季，薄纸质或膜质，发于春季的为小型叶，椭圆形或矩圆形，长1~4cm，宽0.8~2cm，顶端圆形或钝形，基部钝形，下面有时具星状茸毛，发于秋季的为大型叶，矩圆状倒卵形至阔椭圆形，长6~10cm，宽3~5cm，两端钝形，边缘全缘，稀皱卷，上面幼时具灰白色鳞毛，成熟后无毛，淡绿色，下面幼时具白色星状柔毛或鳞毛，成熟后常脱落，被白色鳞片，侧脉8~10对，上面凹下，近边缘分叉而互相连接；叶柄黄褐色，长5~7mm。花淡黄色或泥黄色，质厚，被银白色和淡黄色鳞片，下垂或开展，常5~7花簇生新枝基部成伞形总状花序，花枝花后发育成枝叶；花梗纤细，长3mm；萼筒漏斗状圆筒形，长5.5~6mm，在裂片下面扩大，在子房上收缩，裂片卵形或卵状三角形，长2mm，顶端钝形或急尖，内面疏生短细柔毛，包围子房的萼管椭圆形，长2mm；雄蕊的花丝极短，花药椭圆形，长1.2mm；花柱直立，无毛。果实倒卵状矩圆形，长13~15mm，直径6mm，幼时被银白色鳞片，成熟时红色；果梗纤细，长8~10mm。花期1~3月，果期4~5月。

生长习性

喜光，稍耐阴。不耐干旱，较耐寒。

应用价值

园林中较为优美的观赏树种。抗污染性强，是工厂绿化、"四旁"绿化的好材料，也可制作盆景。为蜜源植物，花蜜、花粉均较丰富，可散植、丛植于绿地、林缘或林内诱引病虫害天敌。果实可酿酒，果实、叶和根均可入药。

花港印影亭旁池边的古佘山羊奶子,树龄110年

第五章 古树名木的历史与乡愁

七十、紫薇 *Lagerstroemia indica* Linn.

科：千屈菜科　**属**：紫薇属

资源分布

杭州市城区范围内共有紫薇古树3株，均为三级古树，全部在西湖风景名胜区，分布于刘庄、孤山文澜阁和葛岭路乐墅院内。

形态特征

落叶灌木或小乔木，高可达7m。树皮平滑，灰色或灰褐色。枝干多扭曲，小枝纤细，具4棱，略成翅状。叶互生或有时对生，纸质，椭圆形、阔矩圆形或倒卵形，长2.5~7cm，宽1.5~4cm，顶端短尖或钝形，有时微凹，基部阔楔形或近圆形，无毛或下面沿中脉有微柔毛，侧脉3~7对，小脉不明显；无柄或叶柄很短。花淡红色或紫色、白色，直径3~4cm，常组成7~20cm的顶生圆锥花序；花梗长3~15mm，中轴及花梗均被柔毛；花萼长7~10mm，外面平滑无棱，但鲜时萼筒有微突起短棱，两面无毛，裂片6，三角形，直立，无附属体；花瓣6，皱缩，长12~20mm，具长爪；雄蕊36~42，外面6枚着生于花萼上，比其余的长得多；子房3~6室，无毛。蒴果椭圆状球形或阔椭圆形，长1~1.3cm，幼时绿色至黄色，成熟时或干燥时呈紫黑色，室背开裂；种子有翅，长约8mm。花期6~9月，果期9~12月。

生长习性

喜暖湿气候，喜光，略耐阴，喜肥，尤喜深厚肥沃的砂质壤土，好生于略有湿气之地，亦耐干旱，忌涝，忌种在地下水位高的低湿地方，性喜温暖，而能抗寒，萌蘖性强。紫薇还具有较强的抗污染能力，对二氧化硫、氟化氢及氯气的抗性较强。

应用价值

花色鲜艳美丽，花期长，寿命长，树龄有达200年的，现热带地区已广泛栽培为庭园观赏树，有时亦作盆景。紫薇的木材坚硬、耐腐，可作农具、家具、建筑等用材；树皮、叶及花为强泻剂；根和树皮煎剂可治咯血、吐血、便血。

文化故事

刘庄古紫薇　编号018630500029，三级

在西湖丁家山畔的刘庄内有一株古紫薇，树龄110岁，树高达到了9.8m，胸围1.3m，平均冠幅5.1m。刘庄背靠丁家山，面向西里湖，陈设古朴典雅，尽揽西湖风光，被誉为"西湖第一名园"。该园为晚清商人刘学询所建，他历时多年、耗资十余万银两，于1905年年底完成了刘庄的建设。以这株古紫薇的树龄推算，恰是刘庄建园时期所种植。

第五章 古树名木的历史与乡愁

刘庄1号楼北侧的古紫薇，树龄110年

七十一、石榴 *Punica granatum* Linn.

科：石榴科　属：石榴属

资源分布

杭州市城区范围内共有石榴古树2株，均为三级古树，树龄110年，全部在西湖风景名胜区，分布于玉皇山菜馆和三潭印月先贤祠附近。

形态特征

落叶灌木或小乔木。树冠丛状自然圆头形。树根黄褐色。生长强健，根际易生根蘖。树高可达5~7m，一般3~4m，但矮生石榴仅高约1m或更矮。树干呈灰褐色，上有瘤状突起，干多向左方扭转。树冠内分枝多，嫩枝有棱，多呈方形。小枝柔韧，不易折断。一次枝在生长旺盛的小枝上交错对生，具小刺。刺的长短与品种和生长情况有关。旺树多刺，老树少刺。芽色随季节而变化，有紫、绿、橙三色。叶对生或簇生，呈长披针形至长圆形，或椭圆状披针形，长2~8cm，宽1~2cm，顶端尖，表面有光泽，背面中脉凸起；有短叶柄。花两性，花多红色，也有白色和黄、粉红、玛瑙等色。雄蕊多数，花丝无毛。雌蕊具花柱1个，长度超过雄蕊，心皮4~8，子房下位。成熟后变成大型而多室、多籽的浆果，每室内有多数籽粒；外种皮肉质，呈鲜红、淡红或白色，多汁，甜而带酸，即为可食用的部分；内种皮为角质，也有退化变软的，即软籽石榴。

生长习性

喜温暖向阳的环境，耐旱、耐寒，也耐瘠薄，不耐湿涝和荫蔽。

应用价值

多作观赏、食用。

第五章 古树名木的历史与乡愁

三潭印月先贤祠南侧的古石榴，树龄110年

七十二、浙江柿 *Diospyros glaucifolia* Metc.

科：柿科　属：柿属

资源分布

杭州市城区范围内有浙江柿古树1株，为三级古树，树龄280年，位于西湖风景名胜区云栖竹径莲慈大师墓西上坡。

形态特征

高可达12m。树皮带灰色，后变褐色，树干和老枝常散生分枝的刺；嫩枝稍被柔毛。叶近纸质或薄革质，形状变异多，通常倒卵形、卵形、椭圆形或长圆状披针形，先端钝、微凹或急尖，基部钝，圆形或近心形，两面多少被毛，中脉上面凹陷，下面凸起；叶柄长3~7mm。雄花小，生聚伞花序上，长约5mm；雌花单生，花萼绿色，花冠淡黄色，子房无毛，8室，花柱4。果球形，红色或褐色，直径1.5~2.5cm，8室，宿存萼革质，宽1.5~2.5cm，裂片叶状，多少反曲，钝头；果柄长3~8mm。

生长习性

喜阳，深根性，喜肥沃、湿润土壤。

应用价值

可用作栽培柿树的砧木。未熟果可提取柿漆，用途和柿树相同。果蒂亦入药。木材可作家具等用材。果实成熟时味清甜可食。

第五章 古树名木的历史与乡愁

云栖莲慈大师墓西上坡的古浙江柿冬态，树龄280年

七十三、白蜡树 *Fraxinus chinensis* Roxb.

科：木樨科　属：白蜡树属

资源分布

杭州市城区范围内有白蜡树古树1株，为三级古树，树龄110年，位于西湖风景名胜区三潭印月竹林内。

形态特征

落叶乔木，高10~12m；树皮灰褐色，纵裂。芽阔卵形或圆锥形，被棕色柔毛或腺毛。小枝黄褐色，粗糙，无毛或疏被长柔毛，旋即秃净，皮孔小，不明显。羽状复叶长15~25cm；叶柄长4~6cm，基部不增厚；叶轴挺直，上面具浅沟，初时疏被柔毛，旋即秃净；小叶5~7枚，硬纸质，卵形、倒卵状长圆形至披针形，长3~10cm，宽2~4cm，顶生小叶与侧生小叶近等大或稍大，先端锐尖至渐尖，基部钝圆或楔形，叶缘具整齐锯齿，上面无毛，下面无毛或有时沿中脉两侧被白色长柔毛，中脉在上面平坦，侧脉8~10对，下面凸起，细脉在两面凸起，明显网结；小叶柄长3~5mm。

生长习性

阳性树种，喜光，对土壤的适应性较强，在酸性土、中性土及钙质土上均能生长，耐轻度盐碱，喜湿润、肥沃的砂质和砂壤质土壤。

应用价值

枝叶繁茂，根系发达，植株萌发力强，速生耐湿，性耐瘠薄干旱，在轻度盐碱地也能生长，是防风固沙和护堤护路的优良树种。其干形通直，树形美观，抗烟尘、二氧化硫和氯气，是工厂、城镇绿化美化的好树种。木材坚韧，供编制各种用具，也可用来制作家具、农具、车辆、胶合板等；枝条可编筐。

第五章 古树名木的历史与乡愁

三潭印月竹林滨水处的古白蜡，树龄110年

七十四、女贞 *Ligustrum lucidum* Ait.

科：木樨科　属：女贞属

资源分布

杭州市城区范围内共有女贞古树6株，均为三级古树，其中4株位于西湖风景名胜区，1株位于上城区，1株位于萧山区。

形态特征

灌木或乔木，树皮灰褐色。叶片常绿，革质，卵形、长卵形或椭圆形至宽椭圆形，长6~17cm，宽3~8cm，先端锐尖至渐尖或钝，基部圆形或近圆形，有时宽楔形或渐狭，叶缘平坦，上面光亮，两面无毛，中脉在上面凹入，下面凸起，侧脉4~9对，两面稍凸起或有时不明显；叶柄长1~3cm，上面具沟，无毛。

生长习性

喜光，稍耐阴，喜温暖，不耐寒，喜湿润，不耐干旱，适生于微酸性至微碱性湿润土壤，不耐瘠薄，对二氧化硫、氯气、氟化氢等有毒气体有较强的抗性。

应用价值

枝叶茂密，树形整齐，是园林中常用的观赏树种。可入药，中药称为女贞子。

第五章 古树名木的历史与乡愁

岳庙管理处院内的古女贞，树龄152年（何振峻 摄）

七十五、粗糠树 *Ehretia dicksonii* Hance

科：紫草科　**属**：厚壳树属

资源分布

杭州市城区范围内有粗糠树古树1株，为三级古树，树龄约200年，位于上城区杭州烟草大厦东侧车道花坛内。

形态特征

落叶乔木，高约15m，胸径20cm。树皮灰褐色，纵裂；枝条褐色，小枝淡褐色，均被柔毛。叶宽椭圆形、椭圆形、卵形或倒卵形，长8~25cm，宽5~15cm，先端尖，基部宽楔形或近圆形，边缘具开展的锯齿，上面密生具基盘的短硬毛，极粗糙，下面密生短柔毛；叶柄长1~4cm，被柔毛。聚伞花序顶生，呈伞房状或圆锥状，宽6~9cm，具苞片或无；花无梗或近无梗；苞片线形，长约5mm，被柔毛；花萼长3.5~4.5mm，裂至近中部，裂片卵形或长圆形，具柔毛；花冠筒状钟形，白色至淡黄色，芳香，长8~10mm，基部直径2mm，喉部直径6~7mm，裂片长圆形，长3~4mm，比筒部短；雄蕊伸出花冠外，花药长1.5~2mm，花丝长3~4.5mm，着生花冠筒基部以上3.5~5.5mm处；花柱长6~9mm，无毛或稀具伏毛，分枝长1~1.5mm。核果黄色，近球形，直径10~15mm，内果皮成熟时分裂为2个具2粒种子的分核。花期3~5月，果期6~7月。

生长习性

喜温暖湿润气候，耐阴，适应性强，喜湿润、肥沃深厚的土壤，生长于海拔125~2300m山坡疏林及土质肥沃的山脚阴湿处、路边，河岸也有种植。

应用价值

可入药，其树皮具有散瘀消肿的功效，用于治疗跌打肿痛；果实具有健胃和中、消食除满的功效，用于治疗食积腹泻、胃脘胀满、疝气疼痛。果实也可食用。粗糠树叶大花香，也可栽培供观赏，为庭园绿化树种。

第五章 古树名木的历史与乡愁

湖滨街道中河路西侧车道花坛内的古粗糠树，树龄200年

七十六、楸树 *Catalpa bungei* C. A. Mey.

科：紫葳科　属：梓树属

资源分布

杭州市城区范围内共有楸树古树6株，其中一级古树2株，二级古树3株，三级古树1株，全部在西湖风景名胜区，分布于伍公庙、灵隐景区、龙井茶室等地。

形态特征

小乔木，高8~12m。叶三角状卵形或卵状长圆形，长6~15cm，宽达8cm，顶端长渐尖，基部截形、阔楔形或心形，有时基部具有1~2牙齿，叶面深绿色，叶背无毛；叶柄长2~8cm。顶生伞房状总状花序，有花2~12朵；花萼蕾时圆球形，二唇开裂，顶端有2尖齿；花冠淡红色，内面具有2条黄色条纹及暗紫色斑点，长3~3.5cm。蒴果线形，长25~45cm，宽约6mm。种子狭长椭圆形，长约1cm，宽约2mm，两端生长毛。花期5~6月，果期6~10月。

生长习性

喜光树种，喜温暖湿润气候，不耐寒冷，适生于年平均气温10~15℃、年降水量700~1200mm的地区。根蘖和萌芽能力都很强。在深厚、湿润、肥沃、疏松的中性土、微酸性土和钙质土中生长迅速，在轻盐碱土中也能正常生长，在干燥瘠薄的砾质土和结构不良的黏土上生长不良。对土壤水分很敏感，不耐干旱，也不耐水湿，在积水低洼和地下水位过高的地方不能生长。

应用价值

性喜肥土，生长迅速，树干通直，木材坚硬，为良好的建筑用材，可栽培作观赏树、行道树，用根蘖繁殖。花可炒食，叶可喂猪。茎皮、叶、种子可以入药。

文化故事

伍公庙古楸树　　编号018610700005和018610700006，均为一级

楸树为紫葳科梓树属，属落叶乔木，枝叶浓密，花大而美丽，素有"木王"之称。因其树干挺直，形态优美而为人喜爱，众多古籍中都对楸树赞颂不已。《埤雅》记载："楸，美木也，茎干乔耸凌云，高华可爱。"唐代诗人韩愈曾写诗赞道："几岁生成为大树，一朝缠绕困长藤。谁人与脱青罗帔，看吐高花万万层。"

楸树全身是宝，除了具有较高的观赏价值外，它的身上还有许多价值。楸材用途广泛，在中国被列为重要材种，专门用来加工高档商品和特种产品，如船舶、建筑用材、高档家具等。同时，楸树的药用价值也不容忽视。其树皮、根皮有清热解毒、散瘀消肿的医用效果，茎、皮、叶、种子皆可入药，嫩叶可食，花可炒菜或提炼芳香油。楸树拥有这些数不尽的价值，因此在民间才久久流传着这样一句谚语：千年柏、万年杉，不如楸树一枝桠。

在杭州市，最有名的楸树便是位于吴山中兴东岳庙内的两株530年树龄古楸树了。在东岳庙山门前像一对比翼鸟，一左一右守护在殿堂前。这两株古楸树，高大挺拔，姿态俊美。每当四月花期时，古树就开出粉红色的花朵。繁花似锦，随风飘曳，令人赏心悦目。它们在2015年被评选为"杭州市最美古树"之一。

吴山伍公庙内古楸树，树龄530年

吴山伍公庙内古楸树，树龄530年（孙小明 摄）

七十七、安隐寺古树群

安隐寺古树群是临平区唯一一个生长在城区的古树群，古树以樟树居多，最老的一棵樟树已有400多年，还有枫香、朴树等，一到秋季，几株较大的枫香树叶随四季而变化，春天吐露淡红色的新芽，夏天枝叶密而翠绿，秋天经凉风一吹，树叶由黄变红，直至冬天树叶纷纷落下，静静地诉说着光阴的故事。

29株古树在钱江社区居民的悉心照料下生生不息、健康生长，平日里还有专业的养护人员对每棵古树进行专门护理。得益于古树群，居民们在家门口就可以享受"天然氧吧"、"森林浴"，可以静静地赏景，收获一份心灵的宁静。

钱江社区曾是唐朝安隐寺的旧址，清顺治戊子《临平记》载："唐大中十四年（860）春正月建宝幢于临平"。"安隐寺在唐宣宗时建，名永兴院。后唐清泰元年（934），吴越王重建，名安平院。至宋治平二年（1065），始赐今名"。元至正末毁，复建。

安隐寺屡毁屡建。新中国成立初，寺院僧房均属清代建筑，唐代陀罗尼经幢、唐梅、黄杨，明代罗汉松、石碑均保存完好。1956年，浙江省人民委员会发浙文办字第4053号通知，公布安隐寺经幢（包括安平泉等）为杭州地区第一批二等重点文物保护单位（相当于省级文物保护单位），2009年安平泉被列为杭州市市级文物保护单位。

南宋诗人陆游曾游安隐寺，写下《追凉至安隐寺前》，诗云："枕石何妨更漱流，一凉之外岂他求。寺楼无影月卓午，桥树有声风变秋。残历半空心悄怆，岸巾徐步发飕飖。定知从此清宵梦，常在沙边伴白鸥。"南宋理学家朱熹游安隐寺时写下《题安隐壁》七绝一首："征车少憩林间寺，试问南枝开未开。日暮天寒无酒饮，不须空唤莫愁来。"

安隐寺古樟树，树龄255年

安隐寺古枫香,树龄205年

七十八、云栖竹径古树群

"万竿绿竹云天景",云栖竹径以清、凉、绿、净的景观特色著称,修篁绕径,古木交柯,历史文化底蕴厚重。公园山高坞深,云雾缭绕,环境清幽,远离尘嚣,有着湖山第一奥区的美誉,杭州市最美枫香古树和浙江楠最美古树群都在此处。云栖竹径的古树种类之多、树龄之大,在整个杭州市区都是屈指可数的。古树名木数量逾百株,有枫香、苦槠、红果榆、樟树、豹皮樟、槐、浙江柿、糙叶树、日本柳杉、青冈栎等17个树种,其中500年以上古树9株,名木2株,以枫香古树最多,年龄最大为1030年,这些古树和万竿翠竹共同形成了公园绿意幽深、清静悠然的竹树景观。2023年2月22日被认定为第一批"浙江省古树名木文化公园"。

云栖回龙亭古枫香,树龄530年(夏季效果)

云栖洗心亭南平台古枫香，树龄1030年

第五章 古树名木的历史与乡愁

云栖回龙亭古枫香，树龄330年

云栖回龙亭古枫香,树龄530年(秋季效果)

附录一　杭州城区古树名木信息一览表

上城区古树名木一览表

序号	名称	拉丁名	科名	属名	古树等级	树龄	树高(m)	胸围(m)	冠幅(m)	位置
1	樟树	*Cinnamomum camphora*	樟科	樟属	一级	700	17	4.3	17	清泰水厂
2	樟树	*Cinnamomum camphora*	樟科	樟属	一级	700	18	3.53	14	孔庙
3	樟树	*Cinnamomum camphora*	樟科	樟属	一级	600	25	6.09	29	皋城村
4	樟树	*Cinnamomum camphora*	樟科	樟属	一级	500	21	5.31	27	赤岸桥
5	樟树	*Cinnamomum camphora*	樟科	樟属	二级	380	24	3.95	25	市肿瘤医院
6	樟树	*Cinnamomum camphora*	樟科	樟属	二级	380	25	3.1	18	市肿瘤医院
7	樟树	*Cinnamomum camphora*	樟科	樟属	二级	317	17	3.05	15	金衙庄
8	樟树	*Cinnamomum camphora*	樟科	樟属	二级	300	15	3.15	15	金衙庄
9	樟树	*Cinnamomum camphora*	樟科	樟属	二级	300	20	5.6	18	金衙庄
10	樟树	*Cinnamomum camphora*	樟科	樟属	三级	250	16	3.2	20	孔庙
11	樟树	*Cinnamomum camphora*	樟科	樟属	三级	250	18	3.3	12	望江门外直街
12	樟树	*Cinnamomum camphora*	樟科	樟属	三级	217	16	2.45	12	望江门外直街
13	樟树	*Cinnamomum camphora*	樟科	樟属	三级	200	21	3.39	20	沿山村
14	樟树	*Cinnamomum camphora*	樟科	樟属	三级	200	18	4	13	沿山村
15	樟树	*Cinnamomum camphora*	樟科	樟属	三级	200	17	2.65	13	望江门外直街
16	樟树	*Cinnamomum camphora*	樟科	樟属	三级	200	16	2.35	7	望江门外直街
17	樟树	*Cinnamomum camphora*	樟科	樟属	三级	180	22	3.3	19	省农科院
18	樟树	*Cinnamomum camphora*	樟科	樟属	三级	180	15	3	2	市肿瘤医院
19	樟树	*Cinnamomum camphora*	樟科	樟属	三级	150	21	3.05	17	沿山村
20	樟树	*Cinnamomum camphora*	樟科	樟属	三级	150	24	3.14	20	沿山村
21	樟树	*Cinnamomum camphora*	樟科	樟属	三级	150	20	2.7	12	省农科院
22	樟树	*Cinnamomum camphora*	樟科	樟属	三级	150	18	3	16	市工人文化宫
23	樟树	*Cinnamomum camphora*	樟科	樟属	三级	150	16	3.2	15	市一医院
24	樟树	*Cinnamomum camphora*	樟科	樟属	三级	150	16	2.3	13	孔庙
25	樟树	*Cinnamomum camphora*	樟科	樟属	三级	150	20	4.3	22	江城路古树公园
26	樟树	*Cinnamomum camphora*	樟科	樟属	三级	140	16	3.3	18	天城铭苑
27	樟树	*Cinnamomum camphora*	樟科	樟属	三级	120	16	3	18	金衙庄
28	樟树	*Cinnamomum camphora*	樟科	樟属	三级	120	15	2.2	12	金衙庄
29	樟树	*Cinnamomum camphora*	樟科	樟属	三级	110	18	2.2	12	浙二医院
30	樟树	*Cinnamomum camphora*	樟科	樟属	三级	110	20	2.45	17	浙二医院
31	樟树	*Cinnamomum camphora*	樟科	樟属	三级	100	16	1.79	16	沿山村
32	樟树	*Cinnamomum camphora*	樟科	樟属	三级	100	16	1.79	18	沿山村
33	樟树	*Cinnamomum camphora*	樟科	樟属	三级	100	17	1.92	13	龙居寺
34	樟树	*Cinnamomum camphora*	樟科	樟属	三级	100	16	1.79	18	龙居寺
35	樟树	*Cinnamomum camphora*	樟科	樟属	三级	100	16	1.79	17	沿山村
36	樟树	*Cinnamomum camphora*	樟科	樟属	三级	100	20	2.2	16	沿山村
37	樟树	*Cinnamomum camphora*	樟科	樟属	三级	100	12	1.92	13.5	沿山村
38	樟树	*Cinnamomum camphora*	樟科	樟属	三级	100	21	3.05	17	沿山村
39	樟树	*Cinnamomum camphora*	樟科	樟属	三级	100	17	3.02	13	沿山村
40	樟树	*Cinnamomum camphora*	樟科	樟属	三级	100	16	2.1	7	沿山村

续表

序号	名称	拉丁名	科名	属名	古树等级	树龄	树高（m）	胸围（m）	冠幅（m）	位置
41	樟树	Cinnamomum camphora	樟科	樟属	三级	100	17	3.02	14	金山路
42	樟树	Cinnamomum camphora	樟科	樟属	三级	100	13	1.7	14	清泰水厂
43	樟树	Cinnamomum camphora	樟科	樟属	三级	100	13	1.92	16	清泰水厂
44	樟树	Cinnamomum camphora	樟科	樟属	三级	100	20	2.2	17	省公安厅
45	樟树	Cinnamomum camphora	樟科	樟属	三级	100	20	2.55	14	八卦山庄
46	樟树	Cinnamomum camphora	樟科	樟属	三级	100	13	2	15	施家山
47	樟树	Cinnamomum camphora	樟科	樟属	三级	100	22	2.55	18	冯山人巷
48	樟树	Cinnamomum camphora	樟科	樟属	三级	100	14	2.4	12	金衙庄
49	樟树	Cinnamomum camphora	樟科	樟属	三级	100	16	2.6	14	江城路
50	银杏	Ginkgo biloba	银杏科	银杏属	一级	1000	20	7	15	老浙大横路
51	银杏	Ginkgo biloba	银杏科	银杏属	一级	500	12	1.74	7	杭州基督教青年会
52	银杏	Ginkgo biloba	银杏科	银杏属	三级	225	16	1.75	7	浙二医院
53	银杏	Ginkgo biloba	银杏科	银杏属	三级	200	15	1.65	9	金衙庄
54	银杏	Ginkgo biloba	银杏科	银杏属	三级	150	16	2	6	江城路古树公园
55	银杏	Ginkgo biloba	银杏科	银杏属	三级	150	18	2.7	15	江城路古树公园
56	银杏	Ginkgo biloba	银杏科	银杏属	三级	150	18	2.25	9	江城路古树公园
57	银杏	Ginkgo biloba	银杏科	银杏属	三级	150	16	2.7	13	江城路古树公园
58	银杏	Ginkgo biloba	银杏科	银杏属	三级	150	20	2.35	9	江城路古树公园
59	银杏	Ginkgo biloba	银杏科	银杏属	三级	137	20	1.65	7	小塔儿巷
60	银杏	Ginkgo biloba	银杏科	银杏属	三级	120	20	2	7	紫金观巷
61	银杏	Ginkgo biloba	银杏科	银杏属	三级	120	20	1.7	9	小塔儿巷
62	银杏	Ginkgo biloba	银杏科	银杏属	三级	110	21	1.7	7	浙二医院
63	银杏	Ginkgo biloba	银杏科	银杏属	三级	110	16	1.75	9	湖滨
64	银杏	Ginkgo biloba	银杏科	银杏属	三级	100	20	1.5	7	紫金观巷
65	银杏	Ginkgo biloba	银杏科	银杏属	三级	100	16	1.8	9	国货路
66	银杏	Ginkgo biloba	银杏科	银杏属	三级	100	17	1.9	7	国货路
67	银杏	Ginkgo biloba	银杏科	银杏属	三级	100	18	2.25	8	市工人文化宫
68	珊瑚朴	Celtis julianae	榆科	朴属	三级	150	18	2.6	14	白马庙巷
69	珊瑚朴	Celtis julianae	榆科	朴属	三级	150	20	3.2	12	江城路古树公园
70	朴树	Ginkgo biloba	榆科	朴属	三级	150	20	2.64	18	市工人文化宫
71	朴树	Ginkgo biloba	榆科	朴属	三级	150	17	2.5	10	江城路古树公园
72	朴树	Ginkgo biloba	榆科	朴属	三级	100	20	2.5	16	学士路
73	朴树	Ginkgo biloba	榆科	朴属	三级	100	18	2.18	16	小营街道
74	广玉兰	Magnolia grandiflora	木兰科	木兰属	三级	100	13	2.45	9	解放路
75	广玉兰	Magnolia grandiflora	木兰科	木兰属	三级	100	12	1.6	7	解放路
76	广玉兰	Magnolia grandiflora	木兰科	木兰属	三级	100	13	2.8	9	浙一医院
77	枫杨	Pterocarya stenoptera	胡桃科	枫杨属	三级	100	19	3.4	15	江城路古树公园
78	女贞	Ligustrum lucidum	木樨科	女贞属	三级	200	18	2.8	12	通江桥
79	粗糠树	Ehretia macrophylla	紫草科	厚壳树属	三级	200	11	2.3	6	杭州烟草大厦

拱墅区古树名木一览表

序号	名称	拉丁名	科名	属名	古树等级	树龄	树高（m）	胸围（m）	冠幅（m）	位置
1	樟树	Cinnamomum camphora	樟科	樟属	一级	500	18	4.43	12	朝晖二区
2	樟树	Cinnamomum camphora	樟科	樟属	二级	400	16	3.77	16	上塘河
3	樟树	Cinnamomum camphora	樟科	樟属	二级	400	16	3.9	13	刀茅巷

续表

序号	名称	拉丁名	科名	属名	古树等级	树龄	树高（m）	胸围（m）	冠幅（m）	位置
4	樟树	Cinnamomum camphora	樟科	樟属	二级	350	15	3.49	16	青龙苑
5	樟树	Cinnamomum camphora	樟科	樟属	二级	350	15	3.39	19	中山北路
6	樟树	Cinnamomum camphora	樟科	樟属	二级	300	14	3.27	20	木庵小区
7	樟树	Cinnamomum camphora	樟科	樟属	二级	300	18	2.89	11	朝晖二区
8	樟树	Cinnamomum camphora	樟科	樟属	三级	290	20	5.4	16	石塘社区
9	樟树	Cinnamomum camphora	樟科	樟属	三级	280	18	4.8	15	萍水街
10	樟树	Cinnamomum camphora	樟科	樟属	三级	280	16	2.75	13	学院北路
11	樟树	Cinnamomum camphora	樟科	樟属	三级	260	12	3.46	8	省人民医院
12	樟树	Cinnamomum camphora	樟科	樟属	三级	250	13	4.18	17	朝晖路
13	樟树	Cinnamomum camphora	樟科	樟属	三级	250	16	2.56	16	市二医院
14	樟树	Cinnamomum camphora	樟科	樟属	三级	200	15	2.35	9	丽水路
15	樟树	Cinnamomum camphora	樟科	樟属	三级	160	16	2.5	15	高家花园
16	樟树	Cinnamomum camphora	樟科	樟属	三级	151	13	3.8	12	香积寺广场
17	樟树	Cinnamomum camphora	樟科	樟属	三级	150	14	2.42	14	木庵小区
18	樟树	Cinnamomum camphora	樟科	樟属	三级	150	12	2.35	7	市二医院
19	樟树	Cinnamomum camphora	樟科	樟属	三级	150	18	4.1	20	市二医院
20	樟树	Cinnamomum camphora	樟科	樟属	三级	150	18	2.9	10.5	市二医院
21	樟树	Cinnamomum camphora	樟科	樟属	三级	150	20	2.3	13.5	市二医院
22	樟树	Cinnamomum camphora	樟科	樟属	三级	150	18	2.59	13.5	市二医院
23	樟树	Cinnamomum camphora	樟科	樟属	三级	150	14	1.75	9	市二医院
24	樟树	Cinnamomum camphora	樟科	樟属	三级	150	14	2.1	9	市二医院
25	樟树	Cinnamomum camphora	樟科	樟属	三级	150	18	1.9	14.5	市二医院
26	樟树	Cinnamomum camphora	樟科	樟属	三级	150	20	2.5	14.5	市二医院
27	樟树	Cinnamomum camphora	樟科	樟属	三级	150	16	2.1	14	市二医院
28	樟树	Cinnamomum camphora	樟科	樟属	三级	150	18	2	14	市二医院
29	樟树	Cinnamomum camphora	樟科	樟属	三级	150	17	3	14.5	市二医院
30	樟树	Cinnamomum camphora	樟科	樟属	三级	150	15	2.7	16.5	丽水路
31	樟树	Cinnamomum camphora	樟科	樟属	三级	150	20	2.9	19	市二医院
32	樟树	Cinnamomum camphora	樟科	樟属	三级	150	20	2.9	18	金华路
33	樟树	Cinnamomum camphora	樟科	樟属	三级	150	20	2.6	14.5	定海园
34	樟树	Cinnamomum camphora	樟科	樟属	三级	150	20	2.2	18	定海园
35	樟树	Cinnamomum camphora	樟科	樟属	三级	150	20	2.9	25	桥弄街
36	樟树	Cinnamomum camphora	樟科	樟属	三级	150	16	2.6	12	小河路
37	樟树	Cinnamomum camphora	樟科	樟属	三级	150	18	3.3	16.5	沈家桥
38	樟树	Cinnamomum camphora	樟科	樟属	三级	150	16	3	15	政苑小区
39	樟树	Cinnamomum camphora	樟科	樟属	三级	130	18	2.4	16.5	定海园
40	樟树	Cinnamomum camphora	樟科	樟属	三级	120	16	2.51	16	市红会医院
41	樟树	Cinnamomum camphora	樟科	樟属	三级	120	15	2.61	23	市红会医院
42	樟树	Cinnamomum camphora	樟科	樟属	三级	120	18	2.3	16	丽水路
43	樟树	Cinnamomum camphora	樟科	樟属	三级	120	12	2.5	17	市二医院
44	樟树	Cinnamomum camphora	樟科	樟属	三级	120	18	2.7	17	市二医院
45	樟树	Cinnamomum camphora	樟科	樟属	三级	120	15	4.3	14	莫干山小学
46	樟树	Cinnamomum camphora	樟科	樟属	三级	120	14	2.2	14	新文村
47	樟树	Cinnamomum camphora	樟科	樟属	三级	120	14	3.85	11.5	李佛桥
48	樟树	Cinnamomum camphora	樟科	樟属	三级	120	18	3.05	16	省肿瘤医院
49	樟树	Cinnamomum camphora	樟科	樟属	三级	120	22	2.2	19.5	田园牧歌

续表

序号	名称	拉丁名	科名	属名	古树等级	树龄	树高(m)	胸围(m)	冠幅(m)	位置
50	樟树	Cinnamomum camphora	樟科	樟属	三级	108	10	3.77	5	依园弄
51	樟树	Cinnamomum camphora	樟科	樟属	三级	100	17	2.39	17	市广播电视台
52	樟树	Cinnamomum camphora	樟科	樟属	三级	100	12	2.24	12	香积寺广场
53	樟树	Cinnamomum camphora	樟科	樟属	三级	100	18	1.9	15	丽水路
54	樟树	Cinnamomum camphora	樟科	樟属	三级	100	18	2.15	16	金华路
55	樟树	Cinnamomum camphora	樟科	樟属	三级	100	18	2.2	14.5	金华路
56	樟树	Cinnamomum camphora	樟科	樟属	三级	100	18	2.3	16.5	湖州街
57	樟树	Cinnamomum camphora	樟科	樟属	三级	100	8	2.66	7	石祥路
58	樟树	Cinnamomum camphora	樟科	樟属	三级	100	15	2.4	11	丽晶湾
59	樟树	Cinnamomum camphora	樟科	樟属	三级	100	20	3.3	19	丽晶湾
60	樟树	Cinnamomum camphora	樟科	樟属	三级	100	16	2.13	12	长阳路
61	樟树	Cinnamomum camphora	樟科	樟属	三级	100	16	2.9	17.5	三墩路
62	樟树	Cinnamomum camphora	樟科	樟属	三级	100	16	2.35	14.5	灯彩东街
63	樟树	Cinnamomum camphora	樟科	樟属	三级	100	10	2.55	5	新文村
64	樟树	Cinnamomum camphora	樟科	樟属	三级	100	10	3.77	6.5	庆隆童星幼儿园
65	樟树	Cinnamomum camphora	樟科	樟属	三级	100	18	2.4	12	省肿瘤医院
66	樟树	Cinnamomum camphora	樟科	樟属	三级	100	20	2.5	19	省肿瘤医院
67	樟树	Cinnamomum camphora	樟科	樟属	三级	100	18	2.9	14	省肿瘤医院
68	樟树	Cinnamomum camphora	樟科	樟属	三级	100	18	2.4	16	省肿瘤医院
69	樟树	Cinnamomum camphora	樟科	樟属	三级	100	20	2.03	17	刘文村
70	樟树	Cinnamomum camphora	樟科	樟属	三级	100	19	1.9	16	刘文村
71	樟树	Cinnamomum camphora	樟科	樟属	三级	100	18	1.8	12	刘文村
72	樟树	Cinnamomum camphora	樟科	樟属	三级	100	13	2	14	刘文村
73	樟树	Cinnamomum camphora	樟科	樟属	三级	100	16	1.9	8	虎山路
74	樟树	Cinnamomum camphora	樟科	樟属	三级	100	14	2.9	12	半山半岛
75	樟树	Cinnamomum camphora	樟科	樟属	三级	100	18	2.45	17.5	虎山公园
76	樟树	Cinnamomum camphora	樟科	樟属	三级	100	15	2.9	20	康宁街
77	樟树	Cinnamomum camphora	樟科	樟属	三级	100	20	3.14	7.5	省人民医院
78	樟树	Cinnamomum camphora	樟科	樟属	三级	100	15	2.92	11	省人民医院
79	樟树	Cinnamomum camphora	樟科	樟属	三级	100	15	3.3	10	省人民医院
80	银杏	Ginkgo biloba	银杏科	银杏属	三级	150	15	2.51	12	耶稣堂弄
81	银杏	Ginkgo biloba	银杏科	银杏属	三级	120	14	1.63	8	庆春路
82	银杏	Ginkgo biloba	银杏科	银杏属	三级	120	15	2.17	6.5	百井坊巷
83	银杏	Ginkgo biloba	银杏科	银杏属	三级	105	11	1.7	3.5	省人民医院
84	银杏	Ginkgo biloba	银杏科	银杏属	三级	100	22	2	8	卖鱼桥小学
85	银杏	Ginkgo biloba	银杏科	银杏属	三级	100	18	1.85	9	卖鱼桥小学
86	银杏	Ginkgo biloba	银杏科	银杏属	三级	100	11	2.6	5	省人民医院
87	银杏	Ginkgo biloba	银杏科	银杏属	三级	100	12	1.8	3	省人民医院
88	朴树	Celtis sinensis	榆科	朴属	三级	120	7	1.98	14	省儿保医院
89	糙叶树	Aphananthe aspera	榆科	糙叶树属	三级	120	13	1.82	14	耶稣堂弄
90	苏铁	Cycas revoluta	苏铁科	苏铁属	三级	100	3	1.29	3.4	市红会医院
91	榉树	Zelkova serrata	榆科	榉属	三级	250	15	2.1	14	耶稣堂弄
92	檵木	Loropetalum chinense	金缕梅科	檵木属	三级	100	3.5	1.51	3	省人民医院
93	檵木	Loropetalum chinense	金缕梅科	檵木属	三级	100	5.5	1.57	3	省人民医院

西湖区古树名木一览表

序号	名称	拉丁名	科名	属名	古树等级	树龄	树高(m)	胸围(m)	冠幅(m)	位置
1	樟树	Cinnamomum camphora	樟科	樟属	一级	600	16	5.1	19	丰潭路
2	樟树	Cinnamomum camphora	樟科	樟属	一级	520	10	5.2	10	西溪路
3	樟树	Cinnamomum camphora	樟科	樟属	一级	510	17	4.8	21.5	市青少年宫
4	樟树	Cinnamomum camphora	樟科	樟属	二级	310	20	4.2	19	西溪湿地
5	樟树	Cinnamomum camphora	樟科	樟属	二级	306	20	2.5	15.6	市青少年宫
6	樟树	Cinnamomum camphora	樟科	樟属	二级	306	14	3.2	13	保俶北路
7	樟树	Cinnamomum camphora	樟科	樟属	二级	300	19	3.55	16.5	市青少年宫
8	樟树	Cinnamomum camphora	樟科	樟属	三级	231	12	3.3	16	古墩路
9	樟树	Cinnamomum camphora	樟科	樟属	三级	225	16	5.4	15	老东岳
10	樟树	Cinnamomum camphora	樟科	樟属	三级	225	16	4.5	18	三墩
11	樟树	Cinnamomum camphora	樟科	樟属	三级	200	12	3.3	15	保俶北路
12	樟树	Cinnamomum camphora	樟科	樟属	三级	195	20	3.9	19.5	天目山路
13	樟树	Cinnamomum camphora	樟科	樟属	三级	165	18	4.1	17	天目山路
14	樟树	Cinnamomum camphora	樟科	樟属	三级	150	14	3.3	12	文一街幼儿园
15	樟树	Cinnamomum camphora	樟科	樟属	三级	150	18	3.65	17	庆丰社区财神殿
16	樟树	Cinnamomum camphora	樟科	樟属	三级	150	18	4	17.5	庆丰社区财神殿
17	樟树	Cinnamomum camphora	樟科	樟属	三级	150	16	3.95	14	外东山弄
18	樟树	Cinnamomum camphora	樟科	樟属	三级	145	17	2.77	15.5	外东穆坞
19	樟树	Cinnamomum camphora	樟科	樟属	三级	145	20	2.6	17	东穆坞
20	樟树	Cinnamomum camphora	樟科	樟属	三级	145	18	3.9	15.5	西溪湿地
21	樟树	Cinnamomum camphora	樟科	樟属	三级	140	16	4.8	15.5	西溪湿地
22	樟树	Cinnamomum camphora	樟科	樟属	三级	135	18	4.5	19	天目山路
23	樟树	Cinnamomum camphora	樟科	樟属	三级	135	15	3.15	17	外东穆坞
24	樟树	Cinnamomum camphora	樟科	樟属	三级	120	15	3.5	13.5	市青少年宫
25	樟树	Cinnamomum camphora	樟科	樟属	三级	120	20	3.1	18	市青少年宫
26	樟树	Cinnamomum camphora	樟科	樟属	三级	120	20	2.7	18	市青少年宫
27	樟树	Cinnamomum camphora	樟科	樟属	三级	120	16	3.1	16.5	玉古路
28	樟树	Cinnamomum camphora	樟科	樟属	三级	115	16	3	16.5	西溪路
29	樟树	Cinnamomum camphora	樟科	樟属	三级	115	20	2.8	17.5	浙大玉泉校区
30	樟树	Cinnamomum camphora	樟科	樟属	三级	115	18	2.98	16.5	浙大玉泉校区
31	樟树	Cinnamomum camphora	樟科	樟属	三级	115	16	2.55	16.5	浙大玉泉校区
32	樟树	Cinnamomum camphora	樟科	樟属	三级	115	18	2.5	17	浙大玉泉校区
33	樟树	Cinnamomum camphora	樟科	樟属	三级	115	18	2.47	20	浙大玉泉校区
34	樟树	Cinnamomum camphora	樟科	樟属	三级	115	19	2.75	16.5	浙大玉泉校区
35	樟树	Cinnamomum camphora	樟科	樟属	三级	115	14	4.1	15.5	江家坝
36	樟树	Cinnamomum camphora	樟科	樟属	三级	115	16	3.9	15.5	肖家坝
37	樟树	Cinnamomum camphora	樟科	樟属	三级	115	16	2.55	15	西湖大学
38	樟树	Cinnamomum camphora	樟科	樟属	三级	115	18	2.77	18.5	浙大玉泉校区
39	樟树	Cinnamomum camphora	樟科	樟属	三级	115	10	4.2	11	振中路
40	樟树	Cinnamomum camphora	樟科	樟属	三级	110	13	2.56	13	骆家庄
41	樟树	Cinnamomum camphora	樟科	樟属	三级	110	17	3.8	16	西溪湿地
42	樟树	Cinnamomum camphora	樟科	樟属	三级	107	22	3.35	19	和家园
43	樟树	Cinnamomum camphora	樟科	樟属	三级	100	17	4.28	12	丰潭路
44	樟树	Cinnamomum camphora	樟科	樟属	三级	100	10	4.4	12	丰潭路
45	樟树	Cinnamomum camphora	樟科	樟属	三级	100	19	3.15	17.5	丰潭路
46	樟树	Cinnamomum camphora	樟科	樟属	三级	100	15	2.55	11	丰潭路

续表

序号	名称	拉丁名	科名	属名	古树等级	树龄	树高(m)	胸围(m)	冠幅(m)	位置
47	樟树	Cinnamomum camphora	樟科	樟属	三级	100	17	2.8	18	西溪路
48	樟树	Cinnamomum camphora	樟科	樟属	三级	100	15	3.1	18.5	浙大玉泉校区
49	樟树	Cinnamomum camphora	樟科	樟属	三级	100	15	2.9	16	青芝坞
50	樟树	Cinnamomum camphora	樟科	樟属	三级	100	16	2.95	16	西溪路
51	樟树	Cinnamomum camphora	樟科	樟属	三级	100	20	2.64	17	和家园
52	樟树	Cinnamomum camphora	樟科	樟属	三级	100	20	3.9	22	和家园
53	樟树	Cinnamomum camphora	樟科	樟属	三级	100	20	3.14	15	和家园
54	樟树	Cinnamomum camphora	樟科	樟属	三级	100	18	2.61	12.5	和家园
55	樟树	Cinnamomum camphora	樟科	樟属	三级	100	20	2.83	13.5	和家园
56	樟树	Cinnamomum camphora	樟科	樟属	三级	100	19	2.2	14	和家园
57	樟树	Cinnamomum camphora	樟科	樟属	三级	100	18	2.23	12.5	和家园
58	银杏	Ginkgo biloba	银杏科	银杏属	三级	200	17	2.2	8.5	市青少年宫
59	枫杨	Pterocarya stenoptera	胡桃科	枫杨属	三级	185	10	4.6	17	杨家牌楼
60	枫杨	Pterocarya stenoptera	胡桃科	枫杨属	三级	165	17	5.1	15	小和山
61	枫杨	Pterocarya stenoptera	胡桃科	枫杨属	三级	165	15	3.45	8.5	小和山
62	枸骨	Ilex cornuta	冬青科	冬青属	三级	165	10	1.7	7.5	西湖大学
63	白杜	Euonymus maackii	卫矛科	卫矛属	三级	114	14	1.63	7.5	和家园

滨江区古树名木一览表

序号	名称	拉丁名	科名	属名	古树等级	树龄	树高(m)	胸围(m)	冠幅(m)	位置
1	樟树	Cinnamomum camphora	樟科	樟属	一级	500	16	4	11	映翠路
2	樟树	Cinnamomum camphora	樟科	樟属	二级	400	16	3.6	12	映翠路
3	樟树	Cinnamomum camphora	樟科	樟属	三级	250	15	3.5	10	映翠路
4	樟树	Cinnamomum camphora	樟科	樟属	三级	100	10	2.5	13	映翠河
5	樟树	Cinnamomum camphora	樟科	樟属	三级	100	10	1.6	11	映翠路
6	银杏	Ginkgo biloba	银杏科	银杏属	一级	600	10	5.3	7.5	冠山路
7	银杏	Ginkgo biloba	银杏科	银杏属	三级	250	18	2	10	滨文路

萧山区古树名木一览表

序号	名称	拉丁名	科名	属名	古树等级	树龄	树高(m)	胸围(m)	冠幅(m)	位置
1	樟树	Cinnamomum camphora	樟科	樟属	二级	318	18	5.62	16.5	湘湖师范实验小学
2	樟树	Cinnamomum camphora	樟科	樟属	三级	258	23	6.85	16.5	湘湖师范实验小学
3	樟树	Cinnamomum camphora	樟科	樟属	三级	162	22	3.7	15	江寺路
4	樟树	Cinnamomum camphora	樟科	樟属	三级	148	20	3.83	12	梅和名府
5	樟树	Cinnamomum camphora	樟科	樟属	三级	158	20	3.68	17	江寺博物馆
6	樟树	Cinnamomum camphora	樟科	樟属	三级	148	16	3.52	17	梅和名府
7	樟树	Cinnamomum camphora	樟科	樟属	三级	148	20	3.42	15	百尺溇公寓
8	樟树	Cinnamomum camphora	樟科	樟属	三级	128	9	4.4	8	半月街悦府
9	樟树	Cinnamomum camphora	樟科	樟属	三级	128	20	3.14	18	江寺公园
10	樟树	Cinnamomum camphora	樟科	樟属	三级	118	15	2.92	17	北干南路
11	樟树	Cinnamomum camphora	樟科	樟属	三级	117	18	2.39	10	北干一苑
12	樟树	Cinnamomum camphora	樟科	樟属	三级	115	15	1.92	12	北干一苑
13	樟树	Cinnamomum camphora	樟科	樟属	三级	115	20	2.58	14.5	百尺溇公寓
14	樟树	Cinnamomum camphora	樟科	樟属	三级	115	16	2.61	16	江寺博物馆

续表

序号	名称	拉丁名	科名	属名	古树等级	树龄	树高(m)	胸围(m)	冠幅(m)	位置
15	银杏	Ginkgo biloba	银杏科	银杏属	三级	255	16	3.36	6	区教育服务中心
16	银杏	Ginkgo biloba	银杏科	银杏属	三级	288	18	3.52	7.5	苏家潭
17	榔榆	Ulmus parvifolia	榆科	榆属	三级	115	12	1.41	8	北干一苑
18	女贞	Ligustrum lucidum	木樨科	女贞属	三级	115	15	2.14	8	北干一苑

临平区古树名木一览表

序号	名称	拉丁名	科名	属名	古树等级	树龄	树高(m)	胸围(m)	冠幅(m)	位置
1	樟树	Cinnamomum camphora	樟科	樟属	三级	405	20	5.7	16.5	钱江社区
2	樟树	Cinnamomum camphora	樟科	樟属	三级	315	21	4.8	19.5	区委党校
3	樟树	Cinnamomum camphora	樟科	樟属	三级	255	16	3.1	16	钱江社区
4	樟树	Cinnamomum camphora	樟科	樟属	三级	255	17	4.7	21.5	钱江社区
5	樟树	Cinnamomum camphora	樟科	樟属	三级	255	20	3.45	23.5	钱江社区
6	樟树	Cinnamomum camphora	樟科	樟属	三级	255	20	2.3	17	钱江社区
7	樟树	Cinnamomum camphora	樟科	樟属	三级	255	19	2.25	12.5	钱江社区
8	樟树	Cinnamomum camphora	樟科	樟属	三级	255	22	4.1	25	钱江社区
9	樟树	Cinnamomum camphora	樟科	樟属	三级	215	14	5	12	星火苑社区
10	樟树	Cinnamomum camphora	樟科	樟属	三级	215	18	5.5	17	星火苑社区
11	樟树	Cinnamomum camphora	樟科	樟属	三级	215	15	4.2	12	陈家木桥社区
12	樟树	Cinnamomum camphora	樟科	樟属	三级	205	19	3.5	21.5	钱江社区
13	樟树	Cinnamomum camphora	樟科	樟属	三级	205	19	4.35	17	钱江社区
14	樟树	Cinnamomum camphora	樟科	樟属	三级	205	19	2.55	18.5	钱江社区
15	樟树	Cinnamomum camphora	樟科	樟属	三级	205	18	1.9	16	钱江社区
16	樟树	Cinnamomum camphora	樟科	樟属	三级	205	17	2.1	15	钱江社区
17	樟树	Cinnamomum camphora	樟科	樟属	三级	205	18	2.7	15.5	钱江社区
18	樟树	Cinnamomum camphora	樟科	樟属	三级	205	21	3.35	20.5	钱江社区
19	樟树	Cinnamomum camphora	樟科	樟属	三级	205	19	2.8	20	钱江社区
20	樟树	Cinnamomum camphora	樟科	樟属	三级	205	19	3.2	15.5	钱江社区
21	樟树	Cinnamomum camphora	樟科	樟属	三级	205	16	1.8	11.5	钱江社区
22	樟树	Cinnamomum camphora	樟科	樟属	三级	200	20	5.1	23	陈家木桥村
23	樟树	Cinnamomum camphora	樟科	樟属	三级	185	22	5	20.5	星星路
24	樟树	Cinnamomum camphora	樟科	樟属	三级	145	12	2.9	10.5	星火苑社区
25	樟树	Cinnamomum camphora	樟科	樟属	三级	145	14	3.65	13.5	超山路
26	樟树	Ulmus parvifolia	榆科	榆属	三级	135	18	3.7	17	工农社区
27	樟树	Cinnamomum camphora	樟科	樟属	三级	135	13	2.95	10.5	新火村
28	樟树	Cinnamomum camphora	樟科	樟属	三级	135	14	2.45	9.5	新火村
29	樟树	Cinnamomum camphora	樟科	樟属	三级	135	15	2.45	15.5	新火村
30	樟树	Cinnamomum camphora	樟科	樟属	三级	125	19	3	19.5	华临山庄
31	樟树	Cinnamomum camphora	樟科	樟属	三级	125	18	3.2	17.5	华临山庄
32	樟树	Cinnamomum camphora	樟科	樟属	三级	115	17	3.55	18	工农社区
33	樟树	Cinnamomum camphora	樟科	樟属	三级	115	17	2.9	19	星发街
34	樟树	Cinnamomum camphora	樟科	樟属	三级	115	15	2.9	14.5	南星社区
35	樟树	Cinnamomum camphora	樟科	樟属	三级	115	11	2.45	11.5	南星社区
36	樟树	Cinnamomum camphora	樟科	樟属	三级	115	12	2.48	15.5	南星社区
37	樟树	Cinnamomum camphora	樟科	樟属	三级	105	17	2.7	19.5	阮善角
38	樟树	Cinnamomum camphora	樟科	樟属	三级	105	17	2.4	17	星乐三区

续表

序号	名称	拉丁名	科名	属名	古树等级	树龄	树高（m）	胸围（m）	冠幅（m）	位置
39	枫香	Liquidambar formosana	金缕梅科	枫香属	三级	205	17	2.15	5	钱江社区
40	枫香	Liquidambar formosana	金缕梅科	枫香属	三级	205	19	1.7	4	钱江社区
41	枫香	Liquidambar formosana	金缕梅科	枫香属	三级	205	20	1.95	6	钱江社区
42	枫香	Liquidambar formosana	金缕梅科	枫香属	三级	205	21	2.45	6	钱江社区
43	枫香	Liquidambar formosana	金缕梅科	枫香属	三级	205	21	2.35	6	钱江社区
44	枫香	Liquidambar formosana	金缕梅科	枫香属	三级	205	21	2.35	4	钱江社区
45	朴树	Celtis sinensis	榆科	朴属	三级	205	10	1.35	13.5	钱江社区
46	黄连木	Pistacia chinensis	漆树科	黄连木属	一级	515	15	4.2	15.5	道墩坝社区
47	重阳木	Bischofia polycarpa	大戟科	秋枫属	三级	205	16	1.85	11.5	钱江社区

富阳区古树名木一览表

序号	名称	拉丁名	科名	属名	古树等级	树龄	树高（m）	胸围（m）	冠幅（m）	位置
1	樟树	Cinnamomum camphora	樟科	樟属	二级	310	16	3.45	15	鹳山公园
2	樟树	Cinnamomum camphora	樟科	樟属	三级	260	16	3	14	鹳山公园
3	樟树	Cinnamomum camphora	樟科	樟属	三级	260	18	3.3	17.5	鹳山公园
4	樟树	Cinnamomum camphora	樟科	樟属	三级	260	18	2.97	17.5	鹳山公园
6	樟树	Cinnamomum camphora	樟科	樟属	三级	260	17	2.95	15	鹳山公园
5	樟树	Cinnamomum camphora	樟科	樟属	三级	130	15	2.95	17	虎山社区
7	樟树	Cinnamomum camphora	樟科	樟属	三级	120	16	2.38	12	虎山社区
8	樟树	Cinnamomum camphora	樟科	樟属	三级	120	13	2.08	12	虎山社区
9	朴树	Celtis sinensis	榆科	朴属	三级	100	16	1.95	14.5	金桥社区
10	木樨	Osmanthus fragrans	木樨科	木樨属	三级	140	9	1.7	8	恩波公园

临安区古树名木一览表

序号	名称	拉丁名	科名	属名	古树等级	树龄	树高（m）	胸围（m）	冠幅（m）	位置
1	银杏	Ginkgo biloba	银杏科	银杏属	三级	100	11	2.7	5	苕溪北路
2	银杏	Ginkgo biloba	银杏科	银杏属	三级	100	12	2.03	4	苕溪北路
3	银杏	Ginkgo biloba	银杏科	银杏属	三级	100	12	2.4	3	苕溪北路
4	银杏	Ginkgo biloba	银杏科	银杏属	三级	100	11	1.9	3	苕溪北路
5	银杏	Ginkgo biloba	银杏科	银杏属	三级	100	11	2.5	3.5	苕溪北路
6	银杏	Ginkgo biloba	银杏科	银杏属	三级	100	10	2.65	4	苕溪北路

建德市古树名木一览表

序号	名称	拉丁名	科名	属名	古树等级	树龄	树高（m）	胸围（m）	冠幅（m）	位置
1	樟树	Cinnamomum camphora	樟科	樟属	二级	400	13	5.9	29	金马中心广场
2	樟树	Cinnamomum camphora	樟科	樟属	二级	350	16	4.37	19.5	罗桐社区
3	樟树	Cinnamomum camphora	樟科	樟属	二级	350	13	5.1	13.5	罗桐酒店
4	樟树	Cinnamomum camphora	樟科	樟属	二级	300	17	3.05	13.5	文化广场
5	樟树	Cinnamomum camphora	樟科	樟属	二级	280	18	3.46	21	月坪公园
6	樟树	Cinnamomum camphora	樟科	樟属	三级	270	17	3.39	20.5	市体育馆
7	樟树	Cinnamomum camphora	樟科	樟属	三级	270	20	3.93	24	市体育馆
8	樟树	Cinnamomum camphora	樟科	樟属	三级	270	18	3.68	8.5	市体育馆
9	樟树	Cinnamomum camphora	樟科	樟属	三级	270	20	3.74	27.5	市体育馆

续表

序号	名称	拉丁名	科名	属名	古树等级	树龄	树高(m)	胸围(m)	冠幅(m)	位置
10	樟树	Cinnamomum camphora	樟科	樟属	三级	200	17	2.95	17.5	城西古樟园
11	樟树	Cinnamomum camphora	樟科	樟属	三级	200	18	1.91	15.5	城西古樟园
12	樟树	Cinnamomum camphora	樟科	樟属	三级	200	15	2.1	16	城西古樟园
13	樟树	Cinnamomum camphora	樟科	樟属	三级	200	18	3.48	21.5	城西古樟园
14	樟树	Cinnamomum camphora	樟科	樟属	三级	200	8	1.85	15.5	城西古樟园
15	樟树	Cinnamomum camphora	樟科	樟属	三级	200	17	2.44	15.5	城西古樟园
16	樟树	Cinnamomum camphora	樟科	樟属	三级	200	17	2.29	17	城西古樟园
17	樟树	Cinnamomum camphora	樟科	樟属	三级	200	16	3.01	17.5	城西古樟园
18	樟树	Cinnamomum camphora	樟科	樟属	三级	160	16	2.48	35.5	香樟公寓
19	樟树	Cinnamomum camphora	樟科	樟属	三级	150	13	2.45	18	罗桐社区
20	樟树	Cinnamomum camphora	樟科	樟属	三级	150	12	2.7	11	罗桐社区
21	樟树	Cinnamomum camphora	樟科	樟属	三级	150	12	2.25	9	罗桐酒店
22	樟树	Cinnamomum camphora	樟科	樟属	三级	150	13	2.1	11	罗桐酒店
23	樟树	Cinnamomum camphora	樟科	樟属	三级	110	16	2.07	24.5	月坪公园
24	樟树	Cinnamomum camphora	樟科	樟属	三级	110	15	2.01	16	文化广场
25	樟树	Cinnamomum camphora	樟科	樟属	三级	100	14	2.54	18.5	新安路
26	樟树	Cinnamomum camphora	樟科	樟属	三级	100	17	1.31	15	城西古樟园

桐庐县古树名木一览表

序号	名称	拉丁名	科名	属名	古树等级	树龄	树高(m)	胸围(m)	冠幅(m)	位置
1	樟树	Cinnamomum camphora	樟科	樟属	二级	300	14	5.6	12	滨江路
2	樟树	Cinnamomum camphora	樟科	樟属	三级	180	14	3.8	12	荣正财富广场
3	樟树	Cinnamomum camphora	樟科	樟属	三级	150	14	3.05	8.5	滨江公园
4	樟树	Cinnamomum camphora	樟科	樟属	三级	130	16	3.35	12	富春江水利风景区
5	樟树	Cinnamomum camphora	樟科	樟属	三级	120	19	3.2	17.5	桐庐城市规划展示中心
6	樟树	Cinnamomum camphora	樟科	樟属	三级	100	16	2.1	12	桐庐城市规划展示中心
7	樟树	Cinnamomum camphora	樟科	樟属	三级	100	13	1.85	10	桐庐城市规划展示中心
8	樟树	Cinnamomum camphora	樟科	樟属	三级	100	16	2.03	16	桐庐城市规划展示中心
9	樟树	Cinnamomum camphora	樟科	樟属	三级	100	14	2.15	12	滨江公园
10	樟树	Cinnamomum camphora	樟科	樟属	三级	100	12	2.35	7.5	沿河公园

淳安县古树名木一览表

序号	名称	拉丁名	科名	属名	古树等级	树龄	树高(m)	胸围(m)	冠幅(m)	位置
1	樟树	Cinnamomum camphora	樟科	樟属	二级	475	4	5	5	技工学校
2	樟树	Cinnamomum camphora	樟科	樟属	二级	315	16	2.3	13.5	人民路
3	樟树	Cinnamomum camphora	樟科	樟属	三级	135	17	2.55	17.5	农资大楼
4	马尾松	Pinus massoniana	松科	松属	三级	115	20	2.5	12	县实验幼儿园

西湖风景名胜区古树名木一览表

序号	名称	拉丁名	科名	属名	古树等级	树龄	树高(m)	胸围(m)	冠幅(m)	位置
1	樟树	Cinnamomum camphora	樟科	樟属	一级	1050	17	7	15	法相寺
2	樟树	Cinnamomum camphora	樟科	樟属	一级	1000	14.8	6.7	11.5	法相寺
3	樟树	Cinnamomum camphora	樟科	樟属	一级	810	30	4.8	17	虎跑公园

续表

序号	名称	拉丁名	科名	属名	古树等级	树龄	树高(m)	胸围(m)	冠幅(m)	位置
4	樟树	Cinnamomum camphora	樟科	樟属	一级	800	26.2	4.4	24.1	灵隐景区
5	樟树	Cinnamomum camphora	樟科	樟属	一级	800	12	3.8	13.3	梵天寺路
6	樟树	Cinnamomum camphora	樟科	樟属	一级	800	20.7	4.5	18.9	孤山景区
7	樟树	Cinnamomum camphora	樟科	樟属	一级	800	16.4	4.6	17.4	黄龙洞
8	樟树	Cinnamomum camphora	樟科	樟属	一级	730	18	3.2	11.5	吴山景区
9	樟树	Cinnamomum camphora	樟科	樟属	一级	730	21	3.85	14.5	吴山景区
10	樟树	Cinnamomum camphora	樟科	樟属	一级	730	10	3.2	9.5	吴山景区
11	樟树	Cinnamomum camphora	樟科	樟属	一级	730	11	4.85	12.5	吴山景区
12	樟树	Cinnamomum camphora	樟科	樟属	一级	730	18	4.9	18.2	吴山景区
13	樟树	Cinnamomum camphora	樟科	樟属	一级	730	19.9	3.4	18.5	吴山景区
14	樟树	Cinnamomum camphora	樟科	樟属	一级	730	20.2	3.18	18.8	吴山景区
15	樟树	Cinnamomum camphora	樟科	樟属	一级	730	22.4	4.7	24.2	吴山景区
16	樟树	Cinnamomum camphora	樟科	樟属	一级	730	12.5	4.4	13.9	吴山景区
17	樟树	Cinnamomum camphora	樟科	樟属	一级	730	15.5	3.6	20.5	吴山景区
18	樟树	Cinnamomum camphora	樟科	樟属	一级	730	15.5	3.6	20.5	吴山景区
19	樟树	Cinnamomum camphora	樟科	樟属	一级	730	13.8	3.5	16.5	吴山景区
20	樟树	Cinnamomum camphora	樟科	樟属	一级	700	13.3	5.2	14	杭州植物园
21	樟树	Cinnamomum camphora	樟科	樟属	一级	700	18.7	5	19.5	杭州植物园
22	樟树	Cinnamomum camphora	樟科	樟属	一级	700	18	5.33	21.5	杭州市美术职业学校
23	樟树	Cinnamomum camphora	樟科	樟属	一级	630	20	3.6	15	吴山景区
24	樟树	Cinnamomum camphora	樟科	樟属	一级	600	25.7	3.9	19.8	岳庙
25	樟树	Cinnamomum camphora	樟科	樟属	一级	530	19.5	3.3	13	严官巷
26	樟树	Cinnamomum camphora	樟科	樟属	一级	530	15.5	4.35	18.3	吴山景区
27	樟树	Cinnamomum camphora	樟科	樟属	一级	510	16.4	3.6	9.9	孤山景区
28	樟树	Cinnamomum camphora	樟科	樟属	一级	500	22.4	6.26	28.8	九溪村
29	樟树	Cinnamomum camphora	樟科	樟属	一级	500	19.1	4.75	22.5	九溪村
30	樟树	Cinnamomum camphora	樟科	樟属	一级	500	16.3	4.47	21.8	灵隐路
31	樟树	Cinnamomum camphora	樟科	樟属	一级	500	21	5.4	17	灵隐景区
32	樟树	Cinnamomum camphora	樟科	樟属	一级	500	12.7	2.02	13.5	灵隐景区
33	樟树	Cinnamomum camphora	樟科	樟属	一级	500	13.4	4.73	16.9	灵隐景区
34	樟树	Cinnamomum camphora	樟科	樟属	一级	500	28.3	4.1	15.6	灵隐景区
35	樟树	Cinnamomum camphora	樟科	樟属	一级	500	19.3	3.84	18.3	灵隐路
36	樟树	Cinnamomum camphora	樟科	樟属	一级	500	18.4	4.15	22.2	湖滨公园
37	樟树	Cinnamomum camphora	樟科	樟属	一级	500	24.7	3.8	22.3	孤山景区
38	樟树	Cinnamomum camphora	樟科	樟属	一级	500	17.5	3.77	18.5	孤山景区
39	樟树	Cinnamomum camphora	樟科	樟属	一级	500	19.9	3.7	19	岳庙
40	樟树	Cinnamomum camphora	樟科	樟属	一级	500	10.8	3.5	10.4	岳庙
41	樟树	Cinnamomum camphora	樟科	樟属	一级	500	21.6	3.75	26.1	岳庙
42	樟树	Cinnamomum camphora	樟科	樟属	二级	450	24.2	8.47	23.9	九〇三医院
43	樟树	Cinnamomum camphora	樟科	樟属	二级	433	13.7	3.38	10.5	上天竺法镜寺
44	樟树	Cinnamomum camphora	樟科	樟属	二级	430	18.3	2.46	18	吴山景区
45	樟树	Cinnamomum camphora	樟科	樟属	二级	430	15.8	2.71	10.3	吴山景区
46	樟树	Cinnamomum camphora	樟科	樟属	二级	430	16	2.91	19.9	吴山景区
47	樟树	Cinnamomum camphora	樟科	樟属	二级	425	25	3.6	19.7	六和塔景区
48	樟树	Cinnamomum camphora	樟科	樟属	二级	400	15.3	4.24	19.5	灵隐景区
49	樟树	Cinnamomum camphora	樟科	樟属	二级	400	26.5	4.15	25.2	上天竺法镜寺

续表

序号	名称	拉丁名	科名	属名	古树等级	树龄	树高(m)	胸围(m)	冠幅(m)	位置
50	樟树	Cinnamomum camphora	樟科	樟属	二级	400	20	5.3	23.7	杭州植物园
51	樟树	Cinnamomum camphora	樟科	樟属	二级	400	18	3.5	19	吴山景区
52	樟树	Cinnamomum camphora	樟科	樟属	二级	400	15.6	4	16.2	杭州香格里拉饭店
53	樟树	Cinnamomum camphora	樟科	樟属	二级	385	5	3.05	2	杭州香格里拉饭店
54	樟树	Cinnamomum camphora	樟科	樟属	二级	350	19.4	3.8	17.7	岳湖广场
55	樟树	Cinnamomum camphora	樟科	樟属	二级	350	19.5	3.4	18.1	岳庙
56	樟树	Cinnamomum camphora	樟科	樟属	二级	350	22.1	3.85	20.2	杭州香格里拉饭店
57	樟树	Cinnamomum camphora	樟科	樟属	二级	330	24.2	2.24	23.8	云栖竹径
58	樟树	Cinnamomum camphora	樟科	樟属	二级	330	14.8	2.35	19.3	城隍庙
59	樟树	Cinnamomum camphora	樟科	樟属	二级	325	20.9	4.5	14	六和塔景区
60	樟树	Cinnamomum camphora	樟科	樟属	二级	320	28	2.8	18	龙井村
61	樟树	Cinnamomum camphora	樟科	樟属	二级	320	26	2.2	16	龙井村
62	樟树	Cinnamomum camphora	樟科	樟属	二级	310	27	4.2	25	六和塔景区
63	樟树	Cinnamomum camphora	樟科	樟属	二级	310	20.9	3.9	14.5	灵隐景区
64	樟树	Cinnamomum camphora	樟科	樟属	二级	310	18.6	2.85	21.7	圣塘公园
65	樟树	Cinnamomum camphora	樟科	樟属	二级	310	18.6	2.95	20	圣塘路
66	樟树	Cinnamomum camphora	樟科	樟属	二级	310	19	2.3	14.8	圣塘路
67	樟树	Cinnamomum camphora	樟科	樟属	二级	310	13.1	1.97	13.5	湖滨公园
68	樟树	Cinnamomum camphora	樟科	樟属	二级	310	21.6	3.1	18.9	杭州香格里拉饭店
69	樟树	Cinnamomum camphora	樟科	樟属	二级	300	33.1	4.58	28.3	杭州植物园
70	樟树	Cinnamomum camphora	樟科	樟属	二级	300	14.3	2.42	8.8	郭庄
71	樟树	Cinnamomum camphora	樟科	樟属	二级	300	15	3.42	13.6	郭庄
72	樟树	Cinnamomum camphora	樟科	樟属	二级	300	21	2.16	14.4	万松岭路
73	樟树	Cinnamomum camphora	樟科	樟属	二级	300	22	3.3	17	万松岭路
74	樟树	Cinnamomum camphora	樟科	樟属	二级	300	14	2.6	17.5	湖滨公园
75	樟树	Cinnamomum camphora	樟科	樟属	二级	300	17	3	15.7	湖滨公园
76	樟树	Cinnamomum camphora	樟科	樟属	二级	300	16.4	3	24.7	湖滨公园
77	樟树	Cinnamomum camphora	樟科	樟属	二级	300	13.5	2.4	18.3	圣塘公园
78	樟树	Cinnamomum camphora	樟科	樟属	二级	300	16.1	2.9	16.2	湖滨公园
79	樟树	Cinnamomum camphora	樟科	樟属	二级	300	14.6	2.85	14.8	湖滨公园
80	樟树	Cinnamomum camphora	樟科	樟属	二级	300	18.8	3.45	21.2	湖滨公园
81	樟树	Cinnamomum camphora	樟科	樟属	二级	300	12	3.88	24.3	栖霞岭
82	樟树	Cinnamomum camphora	樟科	樟属	二级	300	26.8	4.2	35.1	黄龙洞
83	樟树	Cinnamomum camphora	樟科	樟属	三级	280	18	2.2	14.5	吴山景区
84	樟树	Cinnamomum camphora	樟科	樟属	三级	280	19	3	17.5	万松岭路
85	樟树	Cinnamomum camphora	樟科	樟属	三级	280	16.3	2.8	12.6	杭州香格里拉饭店
86	樟树	Cinnamomum camphora	樟科	樟属	三级	260	33.1	3.5	18.4	云栖竹径
87	樟树	Cinnamomum camphora	樟科	樟属	三级	260	17	3.6	18	云栖竹径
88	樟树	Cinnamomum camphora	樟科	樟属	三级	260	23	3.5	19	万松岭路
89	樟树	Cinnamomum camphora	樟科	樟属	三级	260	19.7	3.6	18.5	雷峰塔景区
90	樟树	Cinnamomum camphora	樟科	樟属	三级	250	18	3.3	12.6	梵村
91	樟树	Cinnamomum camphora	樟科	樟属	三级	250	14	3.1	7	梵村
92	樟树	Cinnamomum camphora	樟科	樟属	三级	250	20.3	3.5	19.5	三潭印月
93	樟树	Cinnamomum camphora	樟科	樟属	三级	250	22	3.25	18.7	孤山景区
94	樟树	Cinnamomum camphora	樟科	樟属	三级	230	15	2.38	22.5	北高峰
95	樟树	Cinnamomum camphora	樟科	樟属	三级	230	17.9	2.9	19.9	三潭印月

续表

序号	名称	拉丁名	科名	属名	古树等级	树龄	树高（m）	胸围（m）	冠幅（m）	位置
96	樟树	Cinnamomum camphora	樟科	樟属	三级	230	29	2.7	14.2	法相寺
97	樟树	Cinnamomum camphora	樟科	樟属	三级	220	18.5	3.1	16.5	圣塘公园
98	樟树	Cinnamomum camphora	樟科	樟属	三级	210	21.8	4.06	33.5	六和塔景区
99	樟树	Cinnamomum camphora	樟科	樟属	三级	210	19.4	3.13	14	虎跑公园
100	樟树	Cinnamomum camphora	樟科	樟属	三级	210	23.6	2.95	14.5	虎跑公园
101	樟树	Cinnamomum camphora	樟科	樟属	三级	210	22.2	4.1	16.9	上韬光
102	樟树	Cinnamomum camphora	樟科	樟属	三级	210	20	3.6	19.3	灵隐景区
103	樟树	Cinnamomum camphora	樟科	樟属	三级	210	22.3	3	20.4	上天竺法喜寺
104	樟树	Cinnamomum camphora	樟科	樟属	三级	210	24.3	4	17.1	上天竺法喜寺
105	樟树	Cinnamomum camphora	樟科	樟属	三级	210	19.3	2.88	18	三潭印月
106	樟树	Cinnamomum camphora	樟科	樟属	三级	210	20.2	2.38	18	三潭印月
107	樟树	Cinnamomum camphora	樟科	樟属	三级	210	19.3	2.85	26	三潭印月
108	樟树	Cinnamomum camphora	樟科	樟属	三级	210	18.4	3.6	27	刘庄
109	樟树	Cinnamomum camphora	樟科	樟属	三级	210	19.5	2.75	17.5	刘庄
110	樟树	Cinnamomum camphora	樟科	樟属	三级	210	20.6	2.36	14.1	刘庄
111	樟树	Cinnamomum camphora	樟科	樟属	三级	210	20.7	2.84	15.9	刘庄
112	樟树	Cinnamomum camphora	樟科	樟属	三级	210	21.4	2.3	17.9	刘庄
113	樟树	Cinnamomum camphora	樟科	樟属	三级	210	18.8	3.35	16.5	净寺
114	樟树	Cinnamomum camphora	樟科	樟属	三级	210	22	3.1	21.5	万松岭路
115	樟树	Cinnamomum camphora	樟科	樟属	三级	210	13.7	2.2	13.1	圣塘公园
116	樟树	Cinnamomum camphora	樟科	樟属	三级	210	14.6	1.6	11	孤山景区
117	樟树	Cinnamomum camphora	樟科	樟属	三级	210	18.5	3.1	20.4	孤山景区
118	樟树	Cinnamomum camphora	樟科	樟属	三级	210	20.1	2.17	17.7	孤山景区
119	樟树	Cinnamomum camphora	樟科	樟属	三级	210	19.3	2.83	19.7	桃园新村
120	樟树	Cinnamomum camphora	樟科	樟属	三级	200	14.3	2.3	8.1	灵隐景区
121	樟树	Cinnamomum camphora	樟科	樟属	三级	200	19	4.3	25.5	省总工会工人疗养院
122	樟树	Cinnamomum camphora	樟科	樟属	三级	200	18	3.1	15	万松岭路
123	樟树	Cinnamomum camphora	樟科	樟属	三级	200	8	2.45	8.5	万松岭路
124	樟树	Cinnamomum camphora	樟科	樟属	三级	200	18	2.2	11	万松岭路
125	樟树	Cinnamomum camphora	樟科	樟属	三级	200	23.5	2.7	15.2	万松岭路
126	樟树	Cinnamomum camphora	樟科	樟属	三级	200	18	3	15.5	万松岭路
127	樟树	Cinnamomum camphora	樟科	樟属	三级	200	12.7	2.66	14.1	大华饭店
128	樟树	Cinnamomum camphora	樟科	樟属	三级	200	13	2.3	15.4	大华饭店
129	樟树	Cinnamomum camphora	樟科	樟属	三级	200	16.4	2.3	14.1	湖滨钱王祠
130	樟树	Cinnamomum camphora	樟科	樟属	三级	190	18.9	3.4	23.1	六通宾馆
131	樟树	Cinnamomum camphora	樟科	樟属	三级	190	24	2.1	19.8	六通宾馆
132	樟树	Cinnamomum camphora	樟科	樟属	三级	190	23.9	3.1	17.4	六通宾馆
133	樟树	Cinnamomum camphora	樟科	樟属	三级	180	35.3	2.7	23	云栖竹径
134	樟树	Cinnamomum camphora	樟科	樟属	三级	180	22.7	3.08	20.3	云栖竹径
135	樟树	Cinnamomum camphora	樟科	樟属	三级	180	18	2.75	22.5	九溪村
136	樟树	Cinnamomum camphora	樟科	樟属	三级	180	19	2.7	20.2	九溪村
137	樟树	Cinnamomum camphora	樟科	樟属	三级	180	13.9	2.75	16.1	法相寺
138	樟树	Cinnamomum camphora	樟科	樟属	三级	180	16	2.1	15	万松岭隧道东侧
139	樟树	Cinnamomum camphora	樟科	樟属	三级	180	18	2.71	22.1	孤山景区
140	樟树	Cinnamomum camphora	樟科	樟属	三级	180	17.1	2.3	15.1	孤山景区
141	樟树	Cinnamomum camphora	樟科	樟属	三级	180	15.9	2.49	8.3	孤山景区

续表

序号	名称	拉丁名	科名	属名	古树等级	树龄	树高（m）	胸围（m）	冠幅（m）	位置
142	樟树	Cinnamomum camphora	樟科	樟属	三级	180	16.2	2.65	11.3	孤山景区
143	樟树	Cinnamomum camphora	樟科	樟属	三级	180	12.4	2.05	8.1	孤山景区
144	樟树	Cinnamomum camphora	樟科	樟属	三级	180	11.2	2.5	11.9	孤山景区
145	樟树	Cinnamomum camphora	樟科	樟属	三级	180	14.3	3.1	25.5	中山公园
146	樟树	Cinnamomum camphora	樟科	樟属	三级	180	14.9	3.2	16.5	白沙泉
147	樟树	Cinnamomum camphora	樟科	樟属	三级	175	32.9	3	22.5	云栖竹径
148	樟树	Cinnamomum camphora	樟科	樟属	三级	175	20	3.7	18	梅家坞
149	樟树	Cinnamomum camphora	樟科	樟属	三级	170	21	3.2	18.4	虎跑公园
150	樟树	Cinnamomum camphora	樟科	樟属	三级	160	21.5	4.3	24.3	六和塔景区
151	樟树	Cinnamomum camphora	樟科	樟属	三级	160	13.5	4.2	20.8	六和塔景区
152	樟树	Cinnamomum camphora	樟科	樟属	三级	160	25.4	3.2	21.9	六和塔景区
153	樟树	Cinnamomum camphora	樟科	樟属	三级	160	25.5	3.6	24.5	六和塔景区
154	樟树	Cinnamomum camphora	樟科	樟属	三级	160	24.71	3.11	24	六和塔景区
155	樟树	Cinnamomum camphora	樟科	樟属	三级	160	25.2	2.66	18.3	六和塔景区
156	樟树	Cinnamomum camphora	樟科	樟属	三级	160	22.3	1.88	15.2	云栖竹径
157	樟树	Cinnamomum camphora	樟科	樟属	三级	160	11.1	4.25	6.3	九溪村
158	樟树	Cinnamomum camphora	樟科	樟属	三级	160	19	2.5	22.6	九溪村
159	樟树	Cinnamomum camphora	樟科	樟属	三级	160	11.1	4.25	6.3	九溪村
160	樟树	Cinnamomum camphora	樟科	樟属	三级	160	22	3.75	20	梅家坞
161	樟树	Cinnamomum camphora	樟科	樟属	三级	160	16.5	3.1	25	杭州植物园
162	樟树	Cinnamomum camphora	樟科	樟属	三级	160	20.7	2.98	21.4	杭州植物园
163	樟树	Cinnamomum camphora	樟科	樟属	三级	160	23.3	3.39	20.5	杭州植物园
164	樟树	Cinnamomum camphora	樟科	樟属	三级	160	17.6	2.4	20.5	六通宾馆
165	樟树	Cinnamomum camphora	樟科	樟属	三级	160	21.7	2.6	12.9	法相寺
166	樟树	Cinnamomum camphora	樟科	樟属	三级	160	28	3.23	23.4	刘庄
167	樟树	Cinnamomum camphora	樟科	樟属	三级	160	20.4	2.64	21	刘庄
168	樟树	Cinnamomum camphora	樟科	樟属	三级	160	23.6	2.15	14.4	凤凰山
169	樟树	Cinnamomum camphora	樟科	樟属	三级	160	25	3.8	15.8	净寺
170	樟树	Cinnamomum camphora	樟科	樟属	三级	160	19.2	2.85	22.6	净寺
171	樟树	Cinnamomum camphora	樟科	樟属	三级	160	17.3	2.5	20	净寺
172	樟树	Cinnamomum camphora	樟科	樟属	三级	160	16.9	3.1	19.4	净寺
173	樟树	Cinnamomum camphora	樟科	樟属	三级	160	20.3	2.85	20.2	湖滨公园
174	樟树	Cinnamomum camphora	樟科	樟属	三级	160	21.3	2.9	22.5	湖滨公园
175	樟树	Cinnamomum camphora	樟科	樟属	三级	160	15.4	2.4	16.7	圣塘公园
176	樟树	Cinnamomum camphora	樟科	樟属	三级	160	17.7	2.3	12.1	圣塘公园
177	樟树	Cinnamomum camphora	樟科	樟属	三级	160	20.6	1.95	11.6	圣塘公园
178	樟树	Cinnamomum camphora	樟科	樟属	三级	160	20.8	4.75	25.7	杭州香格里拉饭店
179	樟树	Cinnamomum camphora	樟科	樟属	三级	160	23.3	3.3	25.6	北山街
180	樟树	Cinnamomum camphora	樟科	樟属	三级	160	20.6	2.23	10.7	秋水山庄
181	樟树	Cinnamomum camphora	樟科	樟属	三级	160	20.4	2.2	13.5	秋水山庄
182	樟树	Cinnamomum camphora	樟科	樟属	三级	160	11.3	2.41	7.6	秋水山庄
183	樟树	Cinnamomum camphora	樟科	樟属	三级	160	20.1	3.45	16	秋水山庄
184	樟树	Cinnamomum camphora	樟科	樟属	三级	160	22.4	2.74	17	桃园新村
185	樟树	Cinnamomum camphora	樟科	樟属	三级	150	28	2.94	23.7	云栖竹径
186	樟树	Cinnamomum camphora	樟科	樟属	三级	150	22	3.2	12	梅家坞
187	樟树	Cinnamomum camphora	樟科	樟属	三级	150	23.2	2.7	16.2	杭州植物园

续表

序号	名称	拉丁名	科名	属名	古树等级	树龄	树高（m）	胸围（m）	冠幅（m）	位置
188	樟树	Cinnamomum camphora	樟科	樟属	三级	150	17.3	2.38	16.5	杭州植物园
189	樟树	Cinnamomum camphora	樟科	樟属	三级	150	24.6	2.97	21.8	吴山景区
190	樟树	Cinnamomum camphora	樟科	樟属	三级	150	17.3	2.15	16	吴山景区
191	樟树	Cinnamomum camphora	樟科	樟属	三级	150	15.2	2.28	20.2	吴山景区
192	樟树	Cinnamomum camphora	樟科	樟属	三级	150	22	2.4	21	万松岭路
193	樟树	Cinnamomum camphora	樟科	樟属	三级	150	11.2	2	13.7	湖滨公园
194	樟树	Cinnamomum camphora	樟科	樟属	三级	150	16.3	3.1	17.9	湖滨公园
195	樟树	Cinnamomum camphora	樟科	樟属	三级	150	17.7	2.7	22	孤山景区
196	樟树	Cinnamomum camphora	樟科	樟属	三级	150	11	2.7	15.2	孤山景区
197	樟树	Cinnamomum camphora	樟科	樟属	三级	150	19.6	2.8	20.7	岳庙
198	樟树	Cinnamomum camphora	樟科	樟属	三级	140	19.7	2.75	12.1	杭州植物园
199	樟树	Cinnamomum camphora	樟科	樟属	三级	140	23.9	3.35	17.7	杭州植物园
200	樟树	Cinnamomum camphora	樟科	樟属	三级	140	24.3	2.2	11	吴山景区
201	樟树	Cinnamomum camphora	樟科	樟属	三级	131	17.7	2.2	14.6	杭州香格里拉饭店
202	樟树	Cinnamomum camphora	樟科	樟属	三级	130	19.6	2.55	13.9	云栖竹径
203	樟树	Cinnamomum camphora	樟科	樟属	三级	130	16	1.85	16	吴山景区
204	樟树	Cinnamomum camphora	樟科	樟属	三级	130	18	2.85	10	吴山景区
205	樟树	Cinnamomum camphora	樟科	樟属	三级	130	15.7	2.03	14	吴山景区
206	樟树	Cinnamomum camphora	樟科	樟属	三级	130	18.9	2.43	19.2	清波门
207	樟树	Cinnamomum camphora	樟科	樟属	三级	130	19	2.3	14.3	清波门
208	樟树	Cinnamomum camphora	樟科	樟属	三级	130	18.5	2.65	16.2	吴山景区
209	樟树	Cinnamomum camphora	樟科	樟属	三级	130	14.6	2	12	吴山景区
210	樟树	Cinnamomum camphora	樟科	樟属	三级	130	9.3	1.73	12	吴山景区
211	樟树	Cinnamomum camphora	樟科	樟属	三级	130	22.7	2.59	18.4	吴山景区
212	樟树	Cinnamomum camphora	樟科	樟属	三级	130	20.1	1.83	15.8	吴山景区
213	樟树	Cinnamomum camphora	樟科	樟属	三级	130	21.5	2	15.1	吴山景区
214	樟树	Cinnamomum camphora	樟科	樟属	三级	130	14.5	2.25	15.3	吴山景区
215	樟树	Cinnamomum camphora	樟科	樟属	三级	130	13.6	1.83	13.8	吴山景区
216	樟树	Cinnamomum camphora	樟科	樟属	三级	130	16	2.1	11.5	吴山景区
217	樟树	Cinnamomum camphora	樟科	樟属	三级	130	16.9	2.65	14.9	吴山景区
218	樟树	Cinnamomum camphora	樟科	樟属	三级	130	15	2.1	16	汪庄
219	樟树	Cinnamomum camphora	樟科	樟属	三级	130	22.3	2.06	16.4	凤凰山
220	樟树	Cinnamomum camphora	樟科	樟属	三级	130	16.8	2.2	18.9	杭州香格里拉饭店
221	樟树	Cinnamomum camphora	樟科	樟属	三级	130	14.7	1.92	9.2	杭州香格里拉饭店
222	樟树	Cinnamomum camphora	樟科	樟属	三级	130	11	1.75	6.9	孤山景区
223	樟树	Cinnamomum camphora	樟科	樟属	三级	130	8	2.1	7.5	孤山景区
224	樟树	Cinnamomum camphora	樟科	樟属	三级	130	3.5	2.3	1	孤山景区
225	樟树	Cinnamomum camphora	樟科	樟属	三级	130	23.7	1.9	21.3	北山街
226	樟树	Cinnamomum camphora	樟科	樟属	三级	130	21.7	2.6	16	镜湖厅
227	樟树	Cinnamomum camphora	樟科	樟属	三级	130	23.4	2.9	16.5	镜湖厅
228	樟树	Cinnamomum camphora	樟科	樟属	三级	130	16.4	2.95	16	宝石山
229	樟树	Cinnamomum camphora	樟科	樟属	三级	130	16.2	2.45	9.8	宝石山
230	樟树	Cinnamomum camphora	樟科	樟属	三级	130	25.1	2.95	22.3	黄龙洞
231	樟树	Cinnamomum camphora	樟科	樟属	三级	130	24.4	2.75	18.5	黄龙洞
232	樟树	Cinnamomum camphora	樟科	樟属	三级	130	22.6	2.6	22.6	宝石山
233	樟树	Cinnamomum camphora	樟科	樟属	三级	130	23.8	2.75	20.5	桃园新村

续表

序号	名称	拉丁名	科名	属名	古树等级	树龄	树高（m）	胸围（m）	冠幅（m）	位置
234	樟树	Cinnamomum camphora	樟科	樟属	三级	130	19.4	3.6	16	孤山景区
235	樟树	Cinnamomum camphora	樟科	樟属	三级	125	26	2.9	22	虎跑公园
236	樟树	Cinnamomum camphora	樟科	樟属	三级	120	14	2.6	18.4	梵村
237	樟树	Cinnamomum camphora	樟科	樟属	三级	120	22.9	2.9	20.9	孤山景区
238	樟树	Cinnamomum camphora	樟科	樟属	三级	120	18.6	2.5	19.1	孤山景区
239	樟树	Cinnamomum camphora	樟科	樟属	三级	120	11.2	3.58	16.3	孤山景区
240	樟树	Cinnamomum camphora	樟科	樟属	三级	120	25.1	4.6	22.1	孤山景区
241	樟树	Cinnamomum camphora	樟科	樟属	三级	120	19.6	2.57	22.3	葛岭
242	樟树	Cinnamomum camphora	樟科	樟属	三级	120	25.9	3.2	21.5	葛岭
243	樟树	Cinnamomum camphora	樟科	樟属	三级	114	17	2.62	20.3	六和塔景区
244	樟树	Cinnamomum camphora	樟科	樟属	三级	110	17.1	2.8	17.5	虎跑公园
245	樟树	Cinnamomum camphora	樟科	樟属	三级	110	23	2.6	18.5	龙井村
246	樟树	Cinnamomum camphora	樟科	樟属	三级	110	23.8	4.18	14.5	杭州植物园
247	樟树	Cinnamomum camphora	樟科	樟属	三级	110	21	2.65	18	法相巷
248	樟树	Cinnamomum camphora	樟科	樟属	三级	110	15.4	2.9	19.8	六通宾馆
249	樟树	Cinnamomum camphora	樟科	樟属	三级	110	17	2.1	12.5	法相寺
250	樟树	Cinnamomum camphora	樟科	樟属	三级	110	16.9	2.2	17	法相寺
251	樟树	Cinnamomum camphora	樟科	樟属	三级	110	16.3	2.8	8.4	吴山景区
252	樟树	Cinnamomum camphora	樟科	樟属	三级	110	15	2	16.8	汪庄
253	樟树	Cinnamomum camphora	樟科	樟属	三级	110	20.1	2.5	19.8	南山路
254	樟树	Cinnamomum camphora	樟科	樟属	三级	110	24.1	3.08	22	南山路
255	樟树	Cinnamomum camphora	樟科	樟属	三级	110	13	2.1	15	净寺
256	樟树	Cinnamomum camphora	樟科	樟属	三级	110	16.3	2.34	19.7	净寺
257	樟树	Cinnamomum camphora	樟科	樟属	三级	110	25.4	2.85	23.5	净寺
258	樟树	Cinnamomum camphora	樟科	樟属	三级	110	18.7	2.65	19.9	净寺
259	樟树	Cinnamomum camphora	樟科	樟属	三级	110	15.5	3.15	20.7	净寺
260	樟树	Cinnamomum camphora	樟科	樟属	三级	110	18.4	2.15	10.8	湖滨公园
261	樟树	Cinnamomum camphora	樟科	樟属	三级	110	15.9	2.24	15.4	湖滨公园
262	樟树	Cinnamomum camphora	樟科	樟属	三级	110	12.6	2.35	15.1	湖滨公园
263	樟树	Cinnamomum camphora	樟科	樟属	三级	110	12.1	1.83	9.4	湖滨公园
264	樟树	Cinnamomum camphora	樟科	樟属	三级	110	22.8	7.6	20.6	孤山景区
265	樟树	Cinnamomum camphora	樟科	樟属	三级	110	15.1	2.3	4.9	孤山景区
266	樟树	Cinnamomum camphora	樟科	樟属	三级	110	18	2.4	12.2	孤山景区
267	樟树	Cinnamomum camphora	樟科	樟属	三级	110	12.5	2.15	11.2	孤山景区
268	樟树	Cinnamomum camphora	樟科	樟属	三级	110	18	2.2	11.1	杭州香格里拉饭店
269	樟树	Cinnamomum camphora	樟科	樟属	三级	110	14.6	1.6	11	杭州香格里拉饭店
270	樟树	Cinnamomum camphora	樟科	樟属	三级	110	24.6	2.3	14.2	孤山景区
271	樟树	Cinnamomum camphora	樟科	樟属	三级	110	25.7	2.6	18.7	孤山景区
272	樟树	Cinnamomum camphora	樟科	樟属	三级	110	17.3	2.45	15.7	孤山景区
273	樟树	Cinnamomum camphora	樟科	樟属	三级	110	16.5	2.7	15	孤山景区
274	樟树	Cinnamomum camphora	樟科	樟属	三级	110	17.5	2.04	17.8	孤山景区
275	樟树	Cinnamomum camphora	樟科	樟属	三级	110	20.7	2.05	13.7	岳湖广场
276	樟树	Cinnamomum camphora	樟科	樟属	三级	110	22	3.25	29.5	岳庙
277	樟树	Cinnamomum camphora	樟科	樟属	三级	110	15.3	2.8	17.6	栖霞岭
278	樟树	Cinnamomum camphora	樟科	樟属	三级	110	20	2.85	23	黄龙洞
279	樟树	Cinnamomum camphora	樟科	樟属	三级	110	21	2.9	10.3	杭州香格里拉饭店

续表

序号	名称	拉丁名	科名	属名	古树等级	树龄	树高（m）	胸围（m）	冠幅（m）	位置
280	樟树	Cinnamomum camphora	樟科	樟属	三级	110	21.8	2.5	18.2	杭州香格里拉饭店
281	樟树	Cinnamomum camphora	樟科	樟属	三级	110	17.7	2.62	15.4	杭州香格里拉饭店
282	樟树	Cinnamomum camphora	樟科	樟属	三级	110	20	2.38	12.8	岳湖广场
283	樟树	Cinnamomum camphora	樟科	樟属	三级	100	15	2.5	15	浙大之江校区
284	樟树	Cinnamomum camphora	樟科	樟属	三级	100	15	2.63	14.5	浙大之江校区
285	樟树	Cinnamomum camphora	樟科	樟属	三级	100	19	2.5	24.5	浙大之江校区
286	樟树	Cinnamomum camphora	樟科	樟属	三级	100	20	2.92	14	浙大之江校区
287	樟树	Cinnamomum camphora	樟科	樟属	三级	100	17	2.5	16.9	浙大之江校区
288	樟树	Cinnamomum camphora	樟科	樟属	三级	100	18.8	2.7	19.5	浙大之江校区
289	樟树	Cinnamomum camphora	樟科	樟属	三级	100	17	2.63	14.7	浙大之江校区
290	樟树	Cinnamomum camphora	樟科	樟属	三级	100	14	4	15	浙大之江校区
291	樟树	Cinnamomum camphora	樟科	樟属	三级	100	20	3.6	16.5	浙大之江校区
292	樟树	Cinnamomum camphora	樟科	樟属	三级	100	31	3.2	27	浙大之江校区
293	樟树	Cinnamomum camphora	樟科	樟属	三级	100	25	5.3	24	浙大之江校区
294	樟树	Cinnamomum camphora	樟科	樟属	三级	100	28	3.15	17	浙大之江校区
295	樟树	Cinnamomum camphora	樟科	樟属	三级	100	25	6.65	26.5	浙大之江校区
296	樟树	Cinnamomum camphora	樟科	樟属	三级	100	22	3.4	16	浙大之江校区
297	樟树	Cinnamomum camphora	樟科	樟属	三级	100	16	2.9	14	浙大之江校区
298	樟树	Cinnamomum camphora	樟科	樟属	三级	100	26	3.7	23	浙大之江校区
299	樟树	Cinnamomum camphora	樟科	樟属	三级	100	24	2.4	23	浙大之江校区
300	樟树	Cinnamomum camphora	樟科	樟属	三级	100	18	2.35	15.5	浙大之江校区
301	樟树	Cinnamomum camphora	樟科	樟属	三级	100	19	3.15	16.5	浙大之江校区
302	樟树	Cinnamomum camphora	樟科	樟属	三级	100	17	3.45	14	浙大之江校区
303	樟树	Cinnamomum camphora	樟科	樟属	三级	100	19	2.8	16.5	浙大之江校区
304	樟树	Cinnamomum camphora	樟科	樟属	三级	100	27	4.2	19	浙大之江校区
305	樟树	Cinnamomum camphora	樟科	樟属	三级	100	23	2.8	17.5	浙大之江校区
306	樟树	Cinnamomum camphora	樟科	樟属	三级	100	24	3.75	19	浙大之江校区
307	樟树	Cinnamomum camphora	樟科	樟属	三级	100	22	2.65	25.5	浙大之江校区
308	樟树	Cinnamomum camphora	樟科	樟属	三级	100	21	2.8	15	浙大之江校区
309	樟树	Cinnamomum camphora	樟科	樟属	三级	100	24	3.75	20	浙大之江校区
310	樟树	Cinnamomum camphora	樟科	樟属	三级	100	18	3.45	21.5	浙大之江校区
311	樟树	Cinnamomum camphora	樟科	樟属	三级	100	18	2.35	12	浙大之江校区
312	樟树	Cinnamomum camphora	樟科	樟属	三级	100	19	2.8	15	浙大之江校区
313	樟树	Cinnamomum camphora	樟科	樟属	三级	100	19	2.8	16.5	浙大之江校区
314	樟树	Cinnamomum camphora	樟科	樟属	三级	100	19	3.15	18.5	浙大之江校区
315	樟树	Cinnamomum camphora	樟科	樟属	三级	100	22	2.95	18	浙大之江校区
316	樟树	Cinnamomum camphora	樟科	樟属	三级	100	27	2.9	19	浙大之江校区
317	樟树	Cinnamomum camphora	樟科	樟属	三级	100	26	3.15	18	浙大之江校区
318	樟树	Cinnamomum camphora	樟科	樟属	三级	100	22	3.15	21.5	浙大之江校区
319	樟树	Cinnamomum camphora	樟科	樟属	三级	100	19	3.15	19	浙大之江校区
320	樟树	Cinnamomum camphora	樟科	樟属	三级	100	25	3.02	20.5	六和塔景区
321	樟树	Cinnamomum camphora	樟科	樟属	三级	100	18	2.83	22.5	六和塔景区
322	樟树	Cinnamomum camphora	樟科	樟属	三级	100	18	2.7	21.3	虎跑公园
323	樟树	Cinnamomum camphora	樟科	樟属	三级	100	20	3	23.3	灵溪南路
324	樟树	Cinnamomum camphora	樟科	樟属	三级	100	38	3.2	29	灵隐景区
325	樟树	Cinnamomum camphora	樟科	樟属	三级	100	14.3	2.5	11.1	杭州植物园

续表

序号	名称	拉丁名	科名	属名	古树等级	树龄	树高（m）	胸围（m）	冠幅（m）	位置
326	樟树	*Cinnamomum camphora*	樟科	樟属	三级	100	18	3	21	杭州植物园
327	樟树	*Cinnamomum camphora*	樟科	樟属	三级	100	15	4	15.5	杭州植物园
328	樟树	*Cinnamomum camphora*	樟科	樟属	三级	100	14	3.1	17.5	杭州植物园
329	樟树	*Cinnamomum camphora*	樟科	樟属	三级	100	25.8	2.4	20.6	六通宾馆
330	樟树	*Cinnamomum camphora*	樟科	樟属	三级	100	16	3.35	20.5	省工会工人疗养院
331	樟树	*Cinnamomum camphora*	樟科	樟属	三级	100	17	3	20	省总工会工人疗养院
332	樟树	*Cinnamomum camphora*	樟科	樟属	三级	100	16	2.65	23	省总工会工人疗养院
333	樟树	*Cinnamomum camphora*	樟科	樟属	三级	100	20	3.02	17.5	杭州花圃
334	樟树	*Cinnamomum camphora*	樟科	樟属	三级	100	21	3.5	13.2	吴山景区
335	樟树	*Cinnamomum camphora*	樟科	樟属	三级	100	18	2.85	14.8	莲花峰路
336	樟树	*Cinnamomum camphora*	樟科	樟属	三级	100	15	2.2	11.9	湖滨公园
337	樟树	*Cinnamomum camphora*	樟科	樟属	三级	100	16	2.55	15.1	湖滨公园
338	樟树	*Cinnamomum camphora*	樟科	樟属	三级	100	16	2	12.8	湖滨公园
339	樟树	*Cinnamomum camphora*	樟科	樟属	三级	100	17	2.45	16.1	湖滨公园
340	樟树	*Cinnamomum camphora*	樟科	樟属	三级	100	16.3	2.5	15	孤山景区
341	樟树	*Cinnamomum camphora*	樟科	樟属	三级	100	13.8	2.35	20.8	孤山景区
342	樟树	*Cinnamomum camphora*	樟科	樟属	三级	100	15.4	2.55	16.7	孤山景区
343	樟树	*Cinnamomum camphora*	樟科	樟属	三级	100	14.6	2.44	12.2	孤山景区
344	樟树	*Cinnamomum camphora*	樟科	樟属	三级	100	25.2	3.5	26	孤山景区
345	樟树	*Cinnamomum camphora*	樟科	樟属	三级	100	15.9	2.65	8.8	北山街
346	樟树	*Cinnamomum camphora*	樟科	樟属	三级	100	23.7	2.15	14.7	北山街
347	樟树	*Cinnamomum camphora*	樟科	樟属	三级	100	22	2.9	22.6	北山街
348	樟树	*Cinnamomum camphora*	樟科	樟属	三级	100	23.6	3.25	20.2	北山街
349	樟树	*Cinnamomum camphora*	樟科	樟属	三级	100	22	3.3	21	北山街
350	樟树	*Cinnamomum camphora*	樟科	樟属	三级	100	16.8	2.6	18.1	杭州香格里拉饭店
351	樟树	*Cinnamomum camphora*	樟科	樟属	三级	100	22	3.1	17	杭州香格里拉饭店
352	樟树	*Cinnamomum camphora*	樟科	樟属	三级	100	29.5	4.55	14	杭州香格里拉饭店
353	樟树	*Cinnamomum camphora*	樟科	樟属	三级	100	18	2.51	15	孤山景区
354	樟树	*Cinnamomum camphora*	樟科	樟属	三级	100	19	2.51	12	孤山景区
355	樟树	*Cinnamomum camphora*	樟科	樟属	名木	35	12.4	0.95	9.3	云栖竹径
356	樟树	*Cinnamomum camphora*	樟科	樟属	名木	35	14.3	0.8	6	云栖竹径
357	枫香	*Liquidambar formosana*	金缕梅科	枫香属	一级	1030	34	4.1	28.2	云栖竹径
358	枫香	*Liquidambar formosana*	金缕梅科	枫香属	一级	1030	18.5	2.85	14.4	云栖竹径
359	枫香	*Liquidambar formosana*	金缕梅科	枫香属	一级	1030	7.5	3.18	1	云栖竹径
360	枫香	*Liquidambar formosana*	金缕梅科	枫香属	一级	1030	44.2	4.95	24.8	云栖竹径
361	枫香	*Liquidambar formosana*	金缕梅科	枫香属	一级	610	24	3.55	22.2	云栖竹径
362	枫香	*Liquidambar formosana*	金缕梅科	枫香属	一级	610	28.8	2.97	12.1	灵隐景区
363	枫香	*Liquidambar formosana*	金缕梅科	枫香属	一级	610	28.5	3.7	21.8	灵隐景区
364	枫香	*Liquidambar formosana*	金缕梅科	枫香属	一级	600	28	3.3	15.8	灵隐景区
365	枫香	*Liquidambar formosana*	金缕梅科	枫香属	一级	530	36.8	3.94	19.6	云栖竹径
366	枫香	*Liquidambar formosana*	金缕梅科	枫香属	一级	520	27.4	2.5	12.8	灵隐景区
367	枫香	*Liquidambar formosana*	金缕梅科	枫香属	一级	510	27.1	3.3	14.5	法相寺
368	枫香	*Liquidambar formosana*	金缕梅科	枫香属	二级	430	40.8	3.4	24	云栖竹径
369	枫香	*Liquidambar formosana*	金缕梅科	枫香属	二级	430	33	3.2	25.5	云栖竹径
370	枫香	*Liquidambar formosana*	金缕梅科	枫香属	二级	425	25.8	2.85	24	云栖竹径
371	枫香	*Liquidambar formosana*	金缕梅科	枫香属	二级	410	37.2	3.15	27	云栖竹径

续表

序号	名称	拉丁名	科名	属名	古树等级	树龄	树高（m）	胸围（m）	冠幅（m）	位置
372	枫香	*Liquidambar formosana*	金缕梅科	枫香属	二级	410	35	3.43	14.5	云栖竹径
373	枫香	*Liquidambar formosana*	金缕梅科	枫香属	二级	380	32.3	3.4	27	云栖竹径
374	枫香	*Liquidambar formosana*	金缕梅科	枫香属	二级	330	32.6	2.86	25	云栖竹径
375	枫香	*Liquidambar formosana*	金缕梅科	枫香属	二级	330	22.8	2.9	23	灵隐景区
376	枫香	*Liquidambar formosana*	金缕梅科	枫香属	二级	330	26.6	2.67	18	灵隐景区
377	枫香	*Liquidambar formosana*	金缕梅科	枫香属	二级	310	32.8	3.15	19.7	云栖竹径
378	枫香	*Liquidambar formosana*	金缕梅科	枫香属	二级	310	25.7	3.1	15.6	云栖竹径
379	枫香	*Liquidambar formosana*	金缕梅科	枫香属	二级	310	37	4.5	16.1	云栖竹径
380	枫香	*Liquidambar formosana*	金缕梅科	枫香属	二级	310	23.7	2.82	27	灵隐景区
381	枫香	*Liquidambar formosana*	金缕梅科	枫香属	二级	310	20.7	3	20.1	灵隐景区
382	枫香	*Liquidambar formosana*	金缕梅科	枫香属	三级	280	36	2.65	25	云栖竹径
383	枫香	*Liquidambar formosana*	金缕梅科	枫香属	三级	280	24.8	2.97	17.4	灵隐景区
384	枫香	*Liquidambar formosana*	金缕梅科	枫香属	三级	260	30.7	2.75	17.4	云栖竹径
385	枫香	*Liquidambar formosana*	金缕梅科	枫香属	三级	260	32.7	2.94	22	云栖竹径
386	枫香	*Liquidambar formosana*	金缕梅科	枫香属	三级	230	32.9	2.9	30	云栖竹径
387	枫香	*Liquidambar formosana*	金缕梅科	枫香属	三级	210	28.1	3	20.1	灵隐景区
388	枫香	*Liquidambar formosana*	金缕梅科	枫香属	三级	200	27.8	8	13.4	云栖竹径
389	枫香	*Liquidambar formosana*	金缕梅科	枫香属	三级	200	28	3.1	18.5	云栖竹径
390	枫香	*Liquidambar formosana*	金缕梅科	枫香属	三级	200	30	3.12	21	云栖竹径
391	枫香	*Liquidambar formosana*	金缕梅科	枫香属	三级	180	26.4	2.75	21.2	云栖竹径
392	枫香	*Liquidambar formosana*	金缕梅科	枫香属	三级	180	33	2.7	28.4	云栖竹径
393	枫香	*Liquidambar formosana*	金缕梅科	枫香属	三级	180	28.6	2.6	23	云栖竹径
394	枫香	*Liquidambar formosana*	金缕梅科	枫香属	三级	180	36	2.9	20.9	云栖竹径
395	枫香	*Liquidambar formosana*	金缕梅科	枫香属	三级	180	37.3	2.7	24.3	云栖竹径
396	枫香	*Liquidambar formosana*	金缕梅科	枫香属	三级	180	36.1	2.9	22	云栖竹径
397	枫香	*Liquidambar formosana*	金缕梅科	枫香属	三级	180	35.8	2.9	17	云栖竹径
398	枫香	*Liquidambar formosana*	金缕梅科	枫香属	三级	180	28.3	2.5	14.9	云栖竹径
399	枫香	*Liquidambar formosana*	金缕梅科	枫香属	三级	180	38.7	2.84	17.5	云栖竹径
400	枫香	*Liquidambar formosana*	金缕梅科	枫香属	三级	180	16.2	2.1	13	灵隐北高峰
401	枫香	*Liquidambar formosana*	金缕梅科	枫香属	三级	180	21.6	2.67	17	灵隐景区
402	枫香	*Liquidambar formosana*	金缕梅科	枫香属	三级	175	32	2.25	9.5	云栖竹径
403	枫香	*Liquidambar formosana*	金缕梅科	枫香属	三级	160	35.5	2.41	21.8	云栖竹径
404	枫香	*Liquidambar formosana*	金缕梅科	枫香属	三级	160	36.5	2.8	23.5	云栖竹径
405	枫香	*Liquidambar formosana*	金缕梅科	枫香属	三级	160	34.3	2.65	19.5	云栖竹径
406	枫香	*Liquidambar formosana*	金缕梅科	枫香属	三级	160	34.8	2.46	23.5	云栖竹径
407	枫香	*Liquidambar formosana*	金缕梅科	枫香属	三级	160	29	2.35	22.7	云栖竹径
408	枫香	*Liquidambar formosana*	金缕梅科	枫香属	三级	160	24	2.3	18.6	云栖竹径
409	枫香	*Liquidambar formosana*	金缕梅科	枫香属	三级	160	21.6	2.94	15.3	灵隐景区
410	枫香	*Liquidambar formosana*	金缕梅科	枫香属	三级	160	21.8	2.9	10.7	灵隐景区
411	枫香	*Liquidambar formosana*	金缕梅科	枫香属	三级	150	15.4	2.06	12.5	净寺
412	枫香	*Liquidambar formosana*	金缕梅科	枫香属	三级	130	32.2	2.13	10.7	灵隐北高峰
413	枫香	*Liquidambar formosana*	金缕梅科	枫香属	三级	130	24.5	3.12	19	杭州植物园
414	枫香	*Liquidambar formosana*	金缕梅科	枫香属	三级	100	25	2.4	17	云栖竹径
415	枫香	*Liquidambar formosana*	金缕梅科	枫香属	三级	100	24	2.53	15.5	云栖竹径
416	枫香	*Liquidambar formosana*	金缕梅科	枫香属	三级	100	24	2.6	20	云栖竹径
417	枫香	*Liquidambar formosana*	金缕梅科	枫香属	三级	100	20	2.5	13	云栖竹径

续表

序号	名称	拉丁名	科名	属名	古树等级	树龄	树高（m）	胸围（m）	冠幅（m）	位置
418	枫香	*Liquidambar formosana*	金缕梅科	枫香属	三级	100	28	2.78	21.5	云栖竹径
419	枫香	*Liquidambar formosana*	金缕梅科	枫香属	三级	100	30	2.66	20.5	云栖竹径
420	枫香	*Liquidambar formosana*	金缕梅科	枫香属	三级	100	24	2.28	16.5	云栖竹径
421	枫香	*Liquidambar formosana*	金缕梅科	枫香属	三级	100	27	2.6	20	云栖竹径
422	枫香	*Liquidambar formosana*	金缕梅科	枫香属	三级	100	30	2.67	20	云栖竹径
423	枫香	*Liquidambar formosana*	金缕梅科	枫香属	三级	100	20	2.25	17	云栖竹径
424	枫香	*Liquidambar formosana*	金缕梅科	枫香属	三级	100	20	2.25	17	云栖竹径
425	枫香	*Liquidambar formosana*	金缕梅科	枫香属	三级	100	27	2.35	15.3	浙大之江校区
426	枫香	*Liquidambar formosana*	金缕梅科	枫香属	三级	100	18	2.9	13	浙大之江校区
427	枫香	*Liquidambar formosana*	金缕梅科	枫香属	三级	100	34	2.2	15.5	浙大之江校区
428	枫香	*Liquidambar formosana*	金缕梅科	枫香属	三级	100	25	2.95	12.5	浙大之江校区
429	枫香	*Liquidambar formosana*	金缕梅科	枫香属	三级	100	25.6	2.6	14.5	浙大之江校区
430	枫香	*Liquidambar formosana*	金缕梅科	枫香属	三级	100	19	2.6	17.5	浙大之江校区
431	枫香	*Liquidambar formosana*	金缕梅科	枫香属	三级	100	15	2.85	9	梅灵北路
432	银杏	*Ginkgo biloba*	银杏科	银杏属	一级	1410	20	10.18	16.5	五云山
433	银杏	*Ginkgo biloba*	银杏科	银杏属	一级	800	25.4	4.8	21	中天竺法净寺
434	银杏	*Ginkgo biloba*	银杏科	银杏属	一级	800	26.9	4.1	19.6	灵隐景区
435	银杏	*Ginkgo biloba*	银杏科	银杏属	一级	630	19.9	3.3	10	灵隐景区
436	银杏	*Ginkgo biloba*	银杏科	银杏属	一级	500	18.3	3.2	8.3	灵隐景区
437	银杏	*Ginkgo biloba*	银杏科	银杏属	一级	500	18.9	3.1	18.6	中天竺法净寺
438	银杏	*Ginkgo biloba*	银杏科	银杏属	二级	430	20.9	3.4	7.9	吴山景区
439	银杏	*Ginkgo biloba*	银杏科	银杏属	二级	400	28.7	2.95	10.8	中天竺法净寺
440	银杏	*Ginkgo biloba*	银杏科	银杏属	二级	325	20.6	3	13.5	灵隐景区
441	银杏	*Ginkgo biloba*	银杏科	银杏属	二级	320	26	3.55	10.8	龙井村
442	银杏	*Ginkgo biloba*	银杏科	银杏属	二级	300	20.4	2.4	14.5	灵隐景区
443	银杏	*Ginkgo biloba*	银杏科	银杏属	二级	300	12.3	1.4	11	灵隐景区
444	银杏	*Ginkgo biloba*	银杏科	银杏属	二级	300	28.3	2.4	15.8	中天竺法净寺
445	银杏	*Ginkgo biloba*	银杏科	银杏属	二级	300	24.3	1.41	20	上天竺
446	银杏	*Ginkgo biloba*	银杏科	银杏属	三级	260	15.7	2.95	15	浙江宾馆
447	银杏	*Ginkgo biloba*	银杏科	银杏属	三级	240	21.4	2.47	11.4	上韬光
448	银杏	*Ginkgo biloba*	银杏科	银杏属	三级	240	20.2	2.18	11.6	上韬光
449	银杏	*Ginkgo biloba*	银杏科	银杏属	三级	230	35.2	3.05	10.9	灵隐景区
450	银杏	*Ginkgo biloba*	银杏科	银杏属	三级	230	19.8	0.88	10.2	法云古村
451	银杏	*Ginkgo biloba*	银杏科	银杏属	三级	225	16.8	1.84	8.7	灵隐景区
452	银杏	*Ginkgo biloba*	银杏科	银杏属	三级	210	18	1.6	9	法云古村
453	银杏	*Ginkgo biloba*	银杏科	银杏属	三级	210	22	2.8	12	万松岭路
454	银杏	*Ginkgo biloba*	银杏科	银杏属	三级	200	10.6	1.7	7.6	之江路
455	银杏	*Ginkgo biloba*	银杏科	银杏属	三级	180	22.7	2.46	21	云栖竹径
456	银杏	*Ginkgo biloba*	银杏科	银杏属	三级	160	20	2.29	12.9	杭州植物园
457	银杏	*Ginkgo biloba*	银杏科	银杏属	三级	130	17	2.2	13.8	杭州植物园
458	银杏	*Ginkgo biloba*	银杏科	银杏属	三级	125	21	1.55	11.2	云栖竹径
459	银杏	*Ginkgo biloba*	银杏科	银杏属	三级	113	20	1.73	10.5	吴山景区
460	银杏	*Ginkgo biloba*	银杏科	银杏属	三级	110	28	2.2	11	北山街
461	银杏	*Ginkgo biloba*	银杏科	银杏属	三级	110	27	2.45	19	北山街
462	银杏	*Ginkgo biloba*	银杏科	银杏属	三级	100	22	1.92	13	杭州植物园
463	银杏	*Ginkgo biloba*	银杏科	银杏属	三级	100	22	2.26	12	杭州植物园

续表

序号	名称	拉丁名	科名	属名	古树等级	树龄	树高(m)	胸围(m)	冠幅(m)	位置
464	银杏	*Ginkgo biloba*	银杏科	银杏属	三级	100	20.8	2	12.3	法相寺
465	银杏	*Ginkgo biloba*	银杏科	银杏属	三级	100	17.8	2.6	10.1	海军疗养院
466	银杏	*Ginkgo biloba*	银杏科	银杏属	三级	100	12.7	2.85	4	黄龙洞
467	二球悬铃木	*Platanus acerifolia*	悬铃木科	悬铃木属	三级	100	30	3.77	25	孤山景区
468	二球悬铃木	*Platanus acerifolia*	悬铃木科	悬铃木属	三级	100	28	3.14	20	宝石山
469	二球悬铃木	*Platanus acerifolia*	悬铃木科	悬铃木属	三级	100	27	2.7	19	北山街
470	二球悬铃木	*Platanus acerifolia*	悬铃木科	悬铃木属	三级	100	28	2.83	18	北山街
471	二球悬铃木	*Platanus acerifolia*	悬铃木科	悬铃木属	三级	100	28.5	2.9	18.7	北山街
472	二球悬铃木	*Platanus acerifolia*	悬铃木科	悬铃木属	三级	100	29	2.8	18.5	北山街
473	二球悬铃木	*Platanus acerifolia*	悬铃木科	悬铃木属	三级	100	27.3	2.76	16	北山街
474	二球悬铃木	*Platanus acerifolia*	悬铃木科	悬铃木属	三级	100	26	2.7	16.5	北山街
475	二球悬铃木	*Platanus acerifolia*	悬铃木科	悬铃木属	三级	100	27.6	2.65	15.9	北山街
476	二球悬铃木	*Platanus acerifolia*	悬铃木科	悬铃木属	三级	100	25	2.6	16	北山街
477	二球悬铃木	*Platanus acerifolia*	悬铃木科	悬铃木属	三级	100	29	2.86	19	北山街
478	二球悬铃木	*Platanus acerifolia*	悬铃木科	悬铃木属	三级	100	24.6	2.58	17.5	北山街
479	二球悬铃木	*Platanus acerifolia*	悬铃木科	悬铃木属	三级	100	28	3.75	18	北山街
480	二球悬铃木	*Platanus acerifolia*	悬铃木科	悬铃木属	三级	100	26	3.6	19	北山街
481	二球悬铃木	*Platanus acerifolia*	悬铃木科	悬铃木属	三级	100	25	2.65	17	北山街
482	二球悬铃木	*Platanus acerifolia*	悬铃木科	悬铃木属	三级	100	27.2	2.9	16.8	北山街
483	二球悬铃木	*Platanus acerifolia*	悬铃木科	悬铃木属	三级	100	29	3.8	20	北山街
484	二球悬铃木	*Platanus acerifolia*	悬铃木科	悬铃木属	三级	100	24	2.55	15.5	北山街
485	二球悬铃木	*Platanus acerifolia*	悬铃木科	悬铃木属	三级	100	27	2.8	17.5	北山街
486	二球悬铃木	*Platanus acerifolia*	悬铃木科	悬铃木属	三级	100	24.6	2.63	16	北山街
487	二球悬铃木	*Platanus acerifolia*	悬铃木科	悬铃木属	三级	100	23.7	2.5	15.7	北山街
488	二球悬铃木	*Platanus acerifolia*	悬铃木科	悬铃木属	三级	100	28.5	2.8	17.5	北山街
489	二球悬铃木	*Platanus acerifolia*	悬铃木科	悬铃木属	三级	100	24.5	2.6	17	北山街

续表

序号	名称	拉丁名	科名	属名	古树等级	树龄	树高（m）	胸围（m）	冠幅（m）	位置
490	二球悬铃木	*Platanus acerifolia*	悬铃木科	悬铃木属	三级	100	26	2.5	15	北山街
491	二球悬铃木	*Platanus acerifolia*	悬铃木科	悬铃木属	三级	100	24	2.35	17	北山街
492	二球悬铃木	*Platanus acerifolia*	悬铃木科	悬铃木属	三级	100	27.3	2.9	16.5	北山街
493	二球悬铃木	*Platanus acerifolia*	悬铃木科	悬铃木属	三级	100	25.9	2.8	17.5	北山街
494	二球悬铃木	*Platanus acerifolia*	悬铃木科	悬铃木属	三级	100	24.5	2.42	14.8	北山街
495	二球悬铃木	*Platanus acerifolia*	悬铃木科	悬铃木属	三级	100	27	2.48	16.3	北山街
496	二球悬铃木	*Platanus acerifolia*	悬铃木科	悬铃木属	三级	100	25.6	2.73	17.6	北山街
497	二球悬铃木	*Platanus acerifolia*	悬铃木科	悬铃木属	三级	100	26.8	2.45	16.2	北山街
498	二球悬铃木	*Platanus acerifolia*	悬铃木科	悬铃木属	三级	100	23	2.47	15	北山街
499	二球悬铃木	*Platanus acerifolia*	悬铃木科	悬铃木属	三级	100	24.5	2.55	16.3	北山街
500	二球悬铃木	*Platanus acerifolia*	悬铃木科	悬铃木属	三级	100	23.2	2.37	14.8	北山街
501	二球悬铃木	*Platanus acerifolia*	悬铃木科	悬铃木属	三级	100	28.6	2.67	19	北山街
502	二球悬铃木	*Platanus acerifolia*	悬铃木科	悬铃木属	三级	100	27.1	2.77	15.6	北山街
503	二球悬铃木	*Platanus acerifolia*	悬铃木科	悬铃木属	三级	100	24.8	2.66	16.3	北山街
504	二球悬铃木	*Platanus acerifolia*	悬铃木科	悬铃木属	三级	100	25.7	2.46	15	北山街
505	二球悬铃木	*Platanus acerifolia*	悬铃木科	悬铃木属	三级	100	28.2	2.6	17	北山街
506	二球悬铃木	*Platanus acerifolia*	悬铃木科	悬铃木属	三级	100	25.4	2.43	16.3	北山街
507	二球悬铃木	*Platanus acerifolia*	悬铃木科	悬铃木属	三级	100	29.3	2.71	15	北山街
508	二球悬铃木	*Platanus acerifolia*	悬铃木科	悬铃木属	三级	100	27.5	2.86	17.1	北山街
509	二球悬铃木	*Platanus acerifolia*	悬铃木科	悬铃木属	三级	100	25.1	2.57	16	北山街
510	二球悬铃木	*Platanus acerifolia*	悬铃木科	悬铃木属	三级	100	26.4	2.44	18.5	北山街
511	二球悬铃木	*Platanus acerifolia*	悬铃木科	悬铃木属	三级	100	25.9	2.63	14.7	北山街
512	二球悬铃木	*Platanus acerifolia*	悬铃木科	悬铃木属	三级	100	27	2.5	16.8	北山街
513	二球悬铃木	*Platanus acerifolia*	悬铃木科	悬铃木属	三级	100	24.9	2.37	15.6	北山街
514	二球悬铃木	*Platanus acerifolia*	悬铃木科	悬铃木属	三级	100	26.5	2.45	18.4	北山街

续表

序号	名称	拉丁名	科名	属名	古树等级	树龄	树高（m）	胸围（m）	冠幅（m）	位置
515	二球悬铃木	*Platanus acerifolia*	悬铃木科	悬铃木属	三级	100	27.1	2.65	19	北山街
516	二球悬铃木	*Platanus acerifolia*	悬铃木科	悬铃木属	三级	100	25.3	2.7	15.5	北山街
517	二球悬铃木	*Platanus acerifolia*	悬铃木科	悬铃木属	三级	100	26.3	2.8	18.7	北山街
518	二球悬铃木	*Platanus acerifolia*	悬铃木科	悬铃木属	三级	100	24	2.56	17	北山街
519	二球悬铃木	*Platanus acerifolia*	悬铃木科	悬铃木属	三级	100	27	2.57	17.6	北山街
520	二球悬铃木	*Platanus acerifolia*	悬铃木科	悬铃木属	三级	100	24.8	2.48	14.3	北山街
521	二球悬铃木	*Platanus acerifolia*	悬铃木科	悬铃木属	三级	100	28.7	2.92	16	北山街
522	二球悬铃木	*Platanus acerifolia*	悬铃木科	悬铃木属	三级	100	23.5	2.7	15	北山街
523	二球悬铃木	*Platanus acerifolia*	悬铃木科	悬铃木属	三级	100	25.2	2.33	14.2	北山街
524	二球悬铃木	*Platanus acerifolia*	悬铃木科	悬铃木属	三级	100	24.2	2.65	16.5	北山街
525	二球悬铃木	*Platanus acerifolia*	悬铃木科	悬铃木属	三级	100	24.5	2.71	17.8	北山街
526	二球悬铃木	*Platanus acerifolia*	悬铃木科	悬铃木属	三级	100	27.5	2.56	14	北山街
527	二球悬铃木	*Platanus acerifolia*	悬铃木科	悬铃木属	三级	100	26	2.37	15.2	北山街
528	二球悬铃木	*Platanus acerifolia*	悬铃木科	悬铃木属	三级	100	23.7	2.4	15.4	北山街
529	珊瑚朴	*Celtis julianae*	榆科	朴属	一级	530	7.5	2.6	6.9	吴山景区
530	珊瑚朴	*Celtis julianae*	榆科	朴属	三级	280	16.7	1.84	10.3	吴山景区
531	珊瑚朴	*Celtis julianae*	榆科	朴属	三级	240	26.3	2.7	24	中天竺法净寺
532	珊瑚朴	*Celtis julianae*	榆科	朴属	三级	240	25.3	3.8	14.5	中天竺法净寺
533	珊瑚朴	*Celtis julianae*	榆科	朴属	三级	230	24.3	2.85	24.4	灵隐景区
534	珊瑚朴	*Celtis julianae*	榆科	朴属	三级	230	13.8	3.2	15	北山街
535	珊瑚朴	*Celtis julianae*	榆科	朴属	三级	225	18.8	2.87	17	灵隐景区
536	珊瑚朴	*Celtis julianae*	榆科	朴属	三级	210	19.4	3.6	13.5	北山街
537	珊瑚朴	*Celtis julianae*	榆科	朴属	三级	210	36	2.2	12.5	北山街
538	珊瑚朴	*Celtis julianae*	榆科	朴属	三级	200	28	1.97	18.2	灵隐景区
539	珊瑚朴	*Celtis julianae*	榆科	朴属	三级	200	25.6	2.53	18.7	灵隐景区
540	珊瑚朴	*Celtis julianae*	榆科	朴属	三级	190	24.3	3.1	18.7	灵隐景区
541	珊瑚朴	*Celtis julianae*	榆科	朴属	三级	180	28.3	2.45	26	灵隐景区
542	珊瑚朴	*Celtis julianae*	榆科	朴属	三级	180	26.7	2.36	25.5	灵隐景区
543	珊瑚朴	*Celtis julianae*	榆科	朴属	三级	180	22.9	2.8	13	灵隐景区
544	珊瑚朴	*Celtis julianae*	榆科	朴属	三级	180	19.6	2.4	15.5	凤凰山
545	珊瑚朴	*Celtis julianae*	榆科	朴属	三级	160	22.6	2.23	16.1	灵隐景区
546	珊瑚朴	*Celtis julianae*	榆科	朴属	三级	160	22.1	2.2	12.5	灵隐景区
547	珊瑚朴	*Celtis julianae*	榆科	朴属	三级	160	22.5	2.5	12.2	法相寺
548	珊瑚朴	*Celtis julianae*	榆科	朴属	三级	160	28	3.1	17	凤凰山

续表

序号	名称	拉丁名	科名	属名	古树等级	树龄	树高（m）	胸围（m）	冠幅（m）	位置
549	珊瑚朴	*Celtis julianae*	榆科	朴属	三级	160	27.7	2.93	18	凤凰山
550	珊瑚朴	*Celtis julianae*	榆科	朴属	三级	150	24.1	2.31	12.2	灵隐景区
551	珊瑚朴	*Celtis julianae*	榆科	朴属	三级	150	22	2.4	12	万松岭路
552	珊瑚朴	*Celtis julianae*	榆科	朴属	三级	130	21.9	2.1	11.9	吴山景区
553	珊瑚朴	*Celtis julianae*	榆科	朴属	三级	130	20	2.86	20.2	吴山景区
554	珊瑚朴	*Celtis julianae*	榆科	朴属	三级	130	22	1.85	11.5	吴山景区
555	珊瑚朴	*Celtis julianae*	榆科	朴属	三级	130	30	1.8	15.5	吴山景区
556	珊瑚朴	*Celtis julianae*	榆科	朴属	三级	130	25	3.62	15.5	吴山景区
557	珊瑚朴	*Celtis julianae*	榆科	朴属	三级	130	21	1.75	11.5	吴山景区
558	珊瑚朴	*Celtis julianae*	榆科	朴属	三级	130	19	2.3	17.5	吴山景区
559	珊瑚朴	*Celtis julianae*	榆科	朴属	三级	130	24	2.3	15.5	吴山景区
560	珊瑚朴	*Celtis julianae*	榆科	朴属	三级	130	24	3.1	23.5	吴山景区
561	珊瑚朴	*Celtis julianae*	榆科	朴属	三级	130	23.1	2.55	10.4	吴山景区
562	珊瑚朴	*Celtis julianae*	榆科	朴属	三级	130	23.2	2.35	18.8	吴山景区
563	珊瑚朴	*Celtis julianae*	榆科	朴属	三级	130	25.5	2.31	13	吴山景区
564	珊瑚朴	*Celtis julianae*	榆科	朴属	三级	130	21.1	2.45	15.9	吴山景区
565	珊瑚朴	*Celtis julianae*	榆科	朴属	三级	120	17	2.3	15.2	中天竺法净寺
566	珊瑚朴	*Celtis julianae*	榆科	朴属	三级	113	18.5	2.04	12	宝石山
567	珊瑚朴	*Celtis julianae*	榆科	朴属	三级	110	28.6	2.5	16.4	灵隐景区
568	珊瑚朴	*Celtis julianae*	榆科	朴属	三级	110	26.8	2.7	14.5	净寺
569	珊瑚朴	*Celtis julianae*	榆科	朴属	三级	100	26	3.6	16.5	浙大之江校区
570	珊瑚朴	*Celtis julianae*	榆科	朴属	三级	100	18	2.2	19.5	浙大之江校区
571	珊瑚朴	*Celtis julianae*	榆科	朴属	三级	100	26	2.2	16.5	灵隐景区
572	珊瑚朴	*Celtis julianae*	榆科	朴属	三级	100	24.2	2.3	21	玉皇山
573	珊瑚朴	*Celtis julianae*	榆科	朴属	三级	100	23	2.34	22.8	葛岭
574	珊瑚朴	*Celtis julianae*	榆科	朴属	三级	100	25.5	2.36	18	宝石山
575	苦槠	*Castanopsis sclerophylla*	壳斗科	栲属	一级	825	13	4.2	7.3	梅家坞
576	苦槠	*Castanopsis sclerophylla*	壳斗科	栲属	一级	610	20	3.45	13.8	云栖竹径
577	苦槠	*Castanopsis sclerophylla*	壳斗科	栲属	一级	610	15.5	3.1	7.5	梅家坞
578	苦槠	*Castanopsis sclerophylla*	壳斗科	栲属	一级	600	15.5	3.27	15	中国农科院茶科所
579	苦槠	*Castanopsis sclerophylla*	壳斗科	栲属	一级	525	22.3	1.35	14	云栖竹径
580	苦槠	*Castanopsis sclerophylla*	壳斗科	栲属	一级	510	22	3.5	15.5	云栖竹径
581	苦槠	*Castanopsis sclerophylla*	壳斗科	栲属	一级	500	15.2	2.47	7.5	灵隐景区
582	苦槠	*Castanopsis sclerophylla*	壳斗科	栲属	二级	430	17.8	3.6	11.4	云栖竹径
583	苦槠	*Castanopsis sclerophylla*	壳斗科	栲属	二级	430	17.5	3.4	7.8	云栖竹径
584	苦槠	*Castanopsis sclerophylla*	壳斗科	栲属	二级	400	24	4.6	18.3	郑家坞
585	苦槠	*Castanopsis sclerophylla*	壳斗科	栲属	二级	400	14	3.5	13.5	郑家坞
586	苦槠	*Castanopsis sclerophylla*	壳斗科	栲属	二级	360	14.1	3.9	13.9	云栖竹径
587	苦槠	*Castanopsis sclerophylla*	壳斗科	栲属	二级	360	12.3	3	9.2	云栖竹径
588	苦槠	*Castanopsis sclerophylla*	壳斗科	栲属	二级	330	25.6	2.95	17.2	云栖竹径
589	苦槠	*Castanopsis sclerophylla*	壳斗科	栲属	二级	330	30.2	3.1	16.9	云栖竹径
590	苦槠	*Castanopsis sclerophylla*	壳斗科	栲属	二级	330	8.4	3.29	8	云栖竹径
591	苦槠	*Castanopsis sclerophylla*	壳斗科	栲属	二级	310	20	3.3	16.5	梅家坞
592	苦槠	*Castanopsis sclerophylla*	壳斗科	栲属	二级	300	16	3	4.8	梅家坞
593	苦槠	*Castanopsis sclerophylla*	壳斗科	栲属	三级	230	25.5	3.1	19.9	云栖竹径
594	苦槠	*Castanopsis sclerophylla*	壳斗科	栲属	三级	160	25	2.7	14	云栖竹径

续表

序号	名称	拉丁名	科名	属名	古树等级	树龄	树高（m）	胸围（m）	冠幅（m）	位置
595	苦槠	*Castanopsis sclerophylla*	壳斗科	栲属	三级	160	27	2.6	17.3	云栖竹径
596	苦槠	*Castanopsis sclerophylla*	壳斗科	栲属	三级	160	20.6	2.25	16	六通宾馆
597	苦槠	*Castanopsis sclerophylla*	壳斗科	栲属	三级	150	17	2.45	14.2	黄龙洞
598	苦槠	*Castanopsis sclerophylla*	壳斗科	栲属	三级	140	20	2	12.5	梅家坞
599	苦槠	*Castanopsis sclerophylla*	壳斗科	栲属	三级	130	16.2	2.2	13	杭州植物园
600	苦槠	*Castanopsis sclerophylla*	壳斗科	栲属	三级	130	13	2	15.5	杭州植物园
601	苦槠	*Castanopsis sclerophylla*	壳斗科	栲属	三级	110	15.4	2	11.1	灵隐景区
602	苦槠	*Castanopsis sclerophylla*	壳斗科	栲属	三级	100	15	1.61	8.3	云栖竹径
603	苦槠	*Castanopsis sclerophylla*	壳斗科	栲属	三级	100	15	1.6	8.5	云栖竹径
604	苦槠	*Castanopsis sclerophylla*	壳斗科	栲属	三级	100	20	2.3	16	浙大之江校区
605	苦槠	*Castanopsis sclerophylla*	壳斗科	栲属	三级	100	12	2.5	15.5	浙大之江校区
606	朴树	*Celtis sinensis*	榆科	朴属	二级	400	10	2.9	12.5	柳浪闻莺
607	朴树	*Celtis sinensis*	榆科	朴属	二级	330	22.4	2.5	24	中天竺法净寺
608	朴树	*Celtis sinensis*	榆科	朴属	三级	280	30	2.72	13.5	云栖竹径
609	朴树	*Celtis sinensis*	榆科	朴属	三级	210	21.5	2.7	20	刘庄
610	朴树	*Celtis sinensis*	榆科	朴属	三级	210	20.4	3.4	21.4	南山路
611	朴树	*Celtis sinensis*	榆科	朴属	三级	200	21.6	2.4	17.7	葛岭
612	朴树	*Celtis sinensis*	榆科	朴属	三级	190	16.8	2.9	20	六通宾馆
613	朴树	*Celtis sinensis*	榆科	朴属	三级	160	24	2.99	18.5	五云山
614	朴树	*Celtis sinensis*	榆科	朴属	三级	160	23	2.7	21	五云山
615	朴树	*Celtis sinensis*	榆科	朴属	三级	160	23	3	17.5	五云山
616	朴树	*Celtis sinensis*	榆科	朴属	三级	160	21	3.2	22	五云山
617	朴树	*Celtis sinensis*	榆科	朴属	三级	150	18.4	1.85	12.3	葛岭
618	朴树	*Celtis sinensis*	榆科	朴属	三级	100	17	1.95	14.5	六和塔景区
619	朴树	*Celtis sinensis*	榆科	朴属	三级	100	18	2.2	17	灵隐景区
620	朴树	*Celtis sinensis*	榆科	朴属	三级	100	36	2	18	灵隐景区
621	朴树	*Celtis sinensis*	榆科	朴属	三级	100	10	2.98	9.5	吴山景区
622	朴树	*Celtis sinensis*	榆科	朴属	三级	100	12.6	3.1	13.7	湖滨公园
623	朴树	*Celtis sinensis*	榆科	朴属	三级	100	15.8	2.4	17.7	南山路
624	朴树	*Celtis sinensis*	榆科	朴属	三级	100	15	2.45	18.9	柳浪闻莺
625	木樨	*Osmanthus fragrans*	木樨科	木樨属	三级	250	2	1.22	2	孤山景区
626	木樨	*Osmanthus fragrans*	木樨科	木樨属	三级	250	2.5	1.8	2.4	孤山景区
627	木樨	*Osmanthus fragrans*	木樨科	木樨属	三级	230	9	2.7	13	龙井村
628	木樨	*Osmanthus fragrans*	木樨科	木樨属	三级	210	5.3	1.1	5.4	虎跑公园
629	木樨	*Osmanthus fragrans*	木樨科	木樨属	三级	210	6	2.3	10.3	龙井村
630	木樨	*Osmanthus fragrans*	木樨科	木樨属	三级	175	13	1.58	10.9	云栖竹径
631	木樨	*Osmanthus fragrans*	木樨科	木樨属	三级	175	18.7	1.25	9.9	云栖竹径
632	木樨	*Osmanthus fragrans*	木樨科	木樨属	三级	160	4.4	0.77	4.2	虎跑公园
633	木樨	*Osmanthus fragrans*	木樨科	木樨属	三级	110	11	1.4	5.2	龙井村
634	木樨	*Osmanthus fragrans*	木樨科	木樨属	三级	110	7	0.98	5	净寺
635	木樨	*Osmanthus fragrans*	木樨科	木樨属	三级	110	10	1.92	14.8	净寺
636	木樨	*Osmanthus fragrans*	木樨科	木樨属	三级	110	12	1.55	12.5	净寺
637	木樨	*Osmanthus fragrans*	木樨科	木樨属	三级	110	8	1.45	9	净寺
638	木樨	*Osmanthus fragrans*	木樨科	木樨属	三级	100	9	2.2	10.5	浙大之江校区
639	木樨	*Osmanthus fragrans*	木樨科	木樨属	三级	100	9	1.54	9.3	葛岭
640	木樨	*Osmanthus fragrans*	木樨科	木樨属	三级	100	7.6	1.3	8.6	中山公园

续表

序号	名称	拉丁名	科名	属名	古树等级	树龄	树高(m)	胸围(m)	冠幅(m)	位置
641	木樨	*Osmanthus fragrans*	木樨科	木樨属	三级	100	6.2	0.9	5.3	中山公园
642	木樨	*Osmanthus fragrans*	木樨科	木樨属	三级	100	9.2	0.9	8.4	中山公园
643	木樨	*Osmanthus fragrans*	木樨科	木樨属	三级	100	7.7	1.1	8	中山公园
644	木樨	*Osmanthus fragrans*	木樨科	木樨属	三级	100	8.3	1.4	8.3	中山公园
645	广玉兰	*Magnolia grandiflora*	木兰科	木兰属	三级	160	19	2.2	9.5	北山街
646	广玉兰	*Magnolia grandiflora*	木兰科	木兰属	三级	130	19.7	2.09	9.9	湖滨公园
647	广玉兰	*Magnolia grandiflora*	木兰科	木兰属	三级	130	16.3	3.1	15.5	静逸别墅
648	广玉兰	*Magnolia grandiflora*	木兰科	木兰属	三级	130	18.6	2.3	12.3	静逸别墅
649	广玉兰	*Magnolia grandiflora*	木兰科	木兰属	三级	120	20.5	2.65	10	北山街
650	广玉兰	*Magnolia grandiflora*	木兰科	木兰属	三级	100	17	3	12	蒋庄
651	广玉兰	*Magnolia grandiflora*	木兰科	木兰属	三级	100	19	3.92	14.3	马一浮纪念馆
652	广玉兰	*Magnolia grandiflora*	木兰科	木兰属	三级	100	16.7	2.49	12.2	蒋庄
653	广玉兰	*Magnolia grandiflora*	木兰科	木兰属	三级	100	15	2.05	9	蒋庄
654	广玉兰	*Magnolia grandiflora*	木兰科	木兰属	三级	100	14.6	2.98	14	柳浪闻莺
655	广玉兰	*Magnolia grandiflora*	木兰科	木兰属	三级	100	13	2.04	11.5	柳浪闻莺
656	广玉兰	*Magnolia grandiflora*	木兰科	木兰属	三级	100	18.8	2.6	14.7	孤山景区
657	广玉兰	*Magnolia grandiflora*	木兰科	木兰属	三级	100	16	3	14.1	中山公园
658	浙江楠	*Phoebe chekiangensis*	樟科	桢楠属	三级	180	23.8	2.03	7.9	云栖竹径
659	浙江楠	*Phoebe chekiangensis*	樟科	桢楠属	三级	180	22.5	2	9.6	云栖竹径
660	浙江楠	*Phoebe chekiangensis*	樟科	桢楠属	三级	160	18	1.86	9.6	云栖竹径
661	浙江楠	*Phoebe chekiangensis*	樟科	桢楠属	三级	130	16.5	1.55	5	云栖竹径
662	浙江楠	*Phoebe chekiangensis*	樟科	桢楠属	三级	130	23.7	1.6	11.1	云栖竹径
663	浙江楠	*Phoebe chekiangensis*	樟科	桢楠属	三级	110	9.8	1.98	12.5	云栖竹径
664	浙江楠	*Phoebe chekiangensis*	樟科	桢楠属	三级	110	15.8	1.8	14	云栖竹径
665	浙江楠	*Phoebe chekiangensis*	樟科	桢楠属	三级	110	10	1.58	10	云栖竹径
666	浙江楠	*Phoebe chekiangensis*	樟科	桢楠属	三级	110	11.4	1.5	9.7	云栖竹径
667	浙江楠	*Phoebe chekiangensis*	樟科	桢楠属	三级	110	16	1.97	17.5	云栖竹径
668	浙江楠	*Phoebe chekiangensis*	樟科	桢楠属	三级	110	29	1.55	11.7	云栖竹径
669	浙江楠	*Phoebe chekiangensis*	樟科	桢楠属	三级	110	23.8	1.8	9.6	云栖竹径
670	浙江楠	*Phoebe chekiangensis*	樟科	桢楠属	三级	110	14.6	1.4	10.7	云栖竹径
671	浙江楠	*Phoebe chekiangensis*	樟科	桢楠属	三级	100	20	2.01	14.5	云栖竹径
672	糙叶树	*Aphananthe aspera*	榆科	糙叶树属	一级	610	20	3.2	17.8	梅家坞
673	糙叶树	*Aphananthe aspera*	榆科	糙叶树属	三级	180	17.9	1.6	10.9	云栖竹径
674	糙叶树	*Aphananthe aspera*	榆科	糙叶树属	三级	160	18.4	1.95	13.6	云栖竹径
675	糙叶树	*Aphananthe aspera*	榆科	糙叶树属	三级	160	25	3.2	16	中国农科院茶科所
676	糙叶树	*Aphananthe aspera*	榆科	糙叶树属	三级	150	20.7	2.47	16.7	孤山景区
677	糙叶树	*Aphananthe aspera*	榆科	糙叶树属	三级	130	27.1	2.08	12.6	云栖竹径
678	糙叶树	*Aphananthe aspera*	榆科	糙叶树属	三级	125	14.7	1.7	14.5	云栖竹径
679	糙叶树	*Aphananthe aspera*	榆科	糙叶树属	三级	120	20	2.56	13.5	杭州植物园
680	糙叶树	*Aphananthe aspera*	榆科	糙叶树属	三级	100	21	1.65	12.5	云栖竹径
681	糙叶树	*Aphananthe aspera*	榆科	糙叶树属	三级	100	22	2.01	14.8	六和塔景区
682	糙叶树	*Aphananthe aspera*	榆科	糙叶树属	三级	100	17	1.35	16.5	中山公园
683	黄连木	*Pistacia chinensis*	漆树科	黄连木属	一级	500	17.3	2.7	17.2	灵隐景区
684	黄连木	*Pistacia chinensis*	漆树科	黄连木属	二级	460	20	3.75	14.9	中国农科院茶科所
685	黄连木	*Pistacia chinensis*	漆树科	黄连木属	二级	310	18	2.65	15.5	之江路
686	黄连木	*Pistacia chinensis*	漆树科	黄连木属	二级	300	12.7	3.04	13.1	灵隐景区

续表

序号	名称	拉丁名	科名	属名	古树等级	树龄	树高(m)	胸围(m)	冠幅(m)	位置
687	黄连木	Pistacia chinensis	漆树科	黄连木属	三级	210	19.3	2.25	14.3	孤山景区
688	黄连木	Pistacia chinensis	漆树科	黄连木属	三级	210	18.5	2.5	14	孤山景区
689	黄连木	Pistacia chinensis	漆树科	黄连木属	三级	210	14.5	2.25	14	孤山景区
690	黄连木	Pistacia chinensis	漆树科	黄连木属	三级	160	22.7	1.9	14.9	凤凰山
691	黄连木	Pistacia chinensis	漆树科	黄连木属	三级	160	7.6	2.33	16.5	凤凰山
692	黄连木	Pistacia chinensis	漆树科	黄连木属	三级	151	14	2.2	9	吴山景区
693	黄连木	Pistacia chinensis	漆树科	黄连木属	三级	120	17	2.51	13.4	净寺
694	黄连木	Pistacia chinensis	漆树科	黄连木属	三级	120	20	1.57	7.8	净寺
695	麻栎	Quercus acutissima	壳斗科	栎属	三级	170	28.1	2.76	18.5	虎跑公园
696	麻栎	Quercus acutissima	壳斗科	栎属	三级	160	30.5	3	26.2	法相寺
697	麻栎	Quercus acutissima	壳斗科	栎属	三级	100	29	2.4	17.5	灵隐景区
698	麻栎	Quercus acutissima	壳斗科	栎属	三级	100	30	2.5	18	灵隐景区
699	麻栎	Quercus acutissima	壳斗科	栎属	三级	100	25	2.5	17.5	灵隐景区
700	麻栎	Quercus acutissima	壳斗科	栎属	三级	100	33	2.2	14	灵隐景区
701	麻栎	Quercus acutissima	壳斗科	栎属	三级	100	28	2.5	18	灵隐景区
702	麻栎	Quercus acutissima	壳斗科	栎属	三级	100	30	2.5	15	灵隐景区
703	麻栎	Quercus acutissima	壳斗科	栎属	三级	100	31	2.2	14	灵隐景区
704	麻栎	Quercus acutissima	壳斗科	栎属	三级	100	28	2.5	17.5	灵隐景区
705	麻栎	Quercus acutissima	壳斗科	栎属	三级	100	28	2.2	14	灵隐景区
706	麻栎	Quercus acutissima	壳斗科	栎属	三级	100	29	2.5	14	灵隐景区
707	麻栎	Quercus acutissima	壳斗科	栎属	三级	100	25	2.83	20	连横纪念馆
708	罗汉松	Podocarpus macrophyllus	罗汉松科	罗汉松属	一级	525	14	1.93	9.8	灵隐景区
709	罗汉松	Podocarpus macrophyllus	罗汉松科	罗汉松属	三级	110	9	1.25	10.2	虎跑公园
710	罗汉松	Podocarpus macrophyllus	罗汉松科	罗汉松属	三级	110	9	1.2	6.1	上韬光
711	罗汉松	Podocarpus macrophyllus	罗汉松科	罗汉松属	三级	110	6.4	1.45	6	汪庄
712	罗汉松	Podocarpus macrophyllus	罗汉松科	罗汉松属	三级	100	9	1.3	8.5	浙大之江校区
713	罗汉松	Podocarpus macrophyllus	罗汉松科	罗汉松属	三级	100	9	1.35	6	杭州植物园
714	罗汉松	Podocarpus macrophyllus	罗汉松科	罗汉松属	三级	100	8	1.16	5	杭州植物园
715	罗汉松	Podocarpus macrophyllus	罗汉松科	罗汉松属	三级	100	8	1.16	5	杭州植物园
716	罗汉松	Podocarpus macrophyllus	罗汉松科	罗汉松属	三级	100	8	1.13	5	杭州植物园
717	罗汉松	Podocarpus macrophyllus	罗汉松科	罗汉松属	三级	100	11	2.35	9.6	海军疗养院
718	罗汉松	Podocarpus macrophyllus	罗汉松科	罗汉松属	三级	100	5.2	2.55	6.9	汪庄
719	罗汉松	Podocarpus macrophyllus	罗汉松科	罗汉松属	三级	100	6.5	1.1	6.8	省博物馆
720	槐树	Sophora japonica	豆科	槐属	二级	420	25	2.8	17	云栖竹径
721	槐树	Sophora japonica	豆科	槐属	二级	330	7	2.8	4	吴山景区
722	槐树	Sophora japonica	豆科	槐属	三级	260	16.6	2.65	14.1	云栖竹径
723	槐树	Sophora japonica	豆科	槐属	三级	230	23.7	2.12	23.9	云栖竹径
724	槐树	Sophora japonica	豆科	槐属	三级	210	24.1	2.1	15.6	云栖竹径
725	槐树	Sophora japonica	豆科	槐属	三级	210	22.7	2.15	16.1	孤山景区
726	槐树	Sophora japonica	豆科	槐属	三级	180	15.7	1.7	14	云栖竹径
727	槐树	Sophora japonica	豆科	槐属	三级	180	10.7	1.7	6.9	法相寺
728	槐树	Sophora japonica	豆科	槐属	三级	160	15.3	2.1	10.5	云栖竹径
729	槐树	Sophora japonica	豆科	槐属	三级	130	7.7	2	7.8	吴山景区
730	槐树	Sophora japonica	豆科	槐属	三级	130	15.9	1.86	13	吴山景区
731	槐树	Sophora japonica	豆科	槐属	三级	120	13	2.1	10	朱家里
732	枫杨	Pterocarya stenoptera	胡桃科	枫杨属	三级	180	8	2.44	11.7	吴山景区

续表

序号	名称	拉丁名	科名	属名	古树等级	树龄	树高(m)	胸围(m)	冠幅(m)	位置
733	枫杨	*Pterocarya stenoptera*	胡桃科	枫杨属	三级	100	18	2.57	13.2	杭州植物园
734	枫杨	*Pterocarya stenoptera*	胡桃科	枫杨属	三级	100	26	2.9	21.5	杭州植物园
735	枫杨	*Pterocarya stenoptera*	胡桃科	枫杨属	三级	100	23	2.85	22	杭州植物园
736	枫杨	*Pterocarya stenoptera*	胡桃科	枫杨属	三级	100	24.7	4.55	18	花港公园
737	枫杨	*Pterocarya stenoptera*	胡桃科	枫杨属	三级	100	30	3.5	20.5	花港公园
738	枫杨	*Pterocarya stenoptera*	胡桃科	枫杨属	三级	100	25	4.5	16	太子湾公园
739	三角槭	*Acer buergerianum*	槭树科	槭属	二级	400	16	2.6	12.5	郑家坞
740	三角槭	*Acer buergerianum*	槭树科	槭属	三级	225	20	2.33	14.4	云栖竹径
741	三角槭	*Acer buergerianum*	槭树科	槭属	三级	210	15.4	2.53	11.8	灵隐景区
742	三角槭	*Acer buergerianum*	槭树科	槭属	三级	210	26.7	1.9	15.5	灵隐景区
743	三角槭	*Acer buergerianum*	槭树科	槭属	三级	120	15.3	2.1	13	湖滨钱王祠
744	三角槭	*Acer buergerianum*	槭树科	槭属	三级	118	18	1.65	25	灵隐景区
745	三角槭	*Acer buergerianum*	槭树科	槭属	三级	110	14	2.2	11.5	静逸别墅
746	三角槭	*Acer buergerianum*	槭树科	槭属	三级	100	20	2.25	13.8	灵隐景区
747	三角槭	*Acer buergerianum*	槭树科	槭属	三级	100	16.1	2.3	10.9	灵隐景区
748	三角槭	*Acer buergerianum*	槭树科	槭属	三级	100	22	1.9	15	杭州动物园
749	三角槭	*Acer buergerianum*	槭树科	槭属	三级	100	25	2	18.3	杭州动物园
750	蜡梅	*Chimonanthus praecox*	蜡梅科	蜡梅属	一级	820	5	2.3	9.4	龙井村
751	蜡梅	*Chimonanthus praecox*	蜡梅科	蜡梅属	三级	100	5	3.5	6	杭州植物园
752	蜡梅	*Chimonanthus praecox*	蜡梅科	蜡梅属	三级	100	5	3.5	6	杭州植物园
753	蜡梅	*Chimonanthus praecox*	蜡梅科	蜡梅属	三级	100	5	3.5	6	杭州植物园
754	蜡梅	*Chimonanthus praecox*	蜡梅科	蜡梅属	三级	100	5	3.5	6	杭州植物园
755	蜡梅	*Chimonanthus praecox*	蜡梅科	蜡梅属	三级	100	5	3.5	6	杭州植物园
756	蜡梅	*Chimonanthus praecox*	蜡梅科	蜡梅属	三级	100	5	3.5	6	杭州植物园
757	蜡梅	*Chimonanthus praecox*	蜡梅科	蜡梅属	三级	100	5	3.5	6	杭州植物园
758	蜡梅	*Chimonanthus praecox*	蜡梅科	蜡梅属	三级	100	5	2.8	5	北山街
759	蜡梅	*Chimonanthus praecox*	蜡梅科	蜡梅属	三级	100	6	3.4	4.5	北山街
760	雪松	*Cedrus deodara*	松科	雪松属	三级	120	22.8	2.5	12.9	虎跑公园
761	雪松	*Cedrus deodara*	松科	雪松属	三级	100	19.6	1.9	10.6	玉皇山
762	雪松	*Cedrus deodara*	松科	雪松属	三级	100	15.6	1.54	10.1	玉皇山
763	雪松	*Cedrus deodara*	松科	雪松属	三级	100	11.9	1.77	8.9	玉皇山
764	雪松	*Cedrus deodara*	松科	雪松属	三级	100	21.5	2.27	12	玉皇山
765	雪松	*Cedrus deodara*	松科	雪松属	三级	100	21.2	2.4	15.5	中山公园
766	雪松	*Cedrus deodara*	松科	雪松属	三级	100	12.6	2.2	12.4	中山公园
767	雪松	*Cedrus deodara*	松科	雪松属	三级	100	19.9	1.8	13	中山公园
768	长叶松	*Pinus palustris*	松科	松属	名木	90	17	1.88	13.5	杭州花圃
769	日本五针松	*Pinus parviflora*	松科	松属	三级	120	3.9	0.8	6.9	三潭印月
770	日本五针松	*Pinus parviflora*	松科	松属	三级	100	5	1.15	11.1	花港公园
771	黑松	*Pinus thunbergiana*	松科	松属	三级	100	4.4	1.45	6.1	花港公园
772	日本柳杉	*Cryptomeria japonica*	杉科	柳杉属	三级	130	30.1	2.05	5.6	云栖竹径
773	日本柳杉	*Cryptomeria japonica*	杉科	柳杉属	三级	110	27.8	2.1	5.3	云栖竹径
774	北美红杉	*Sequoia sempervirens*	杉科	北美红杉属	名木	50	15.4	1.2	5	杭州植物园

续表

序号	名称	拉丁名	科名	属名	古树等级	树龄	树高（m）	胸围（m）	冠幅（m）	位置
775	圆柏	Sabina chinensis	柏科	圆柏属	三级	162	15	1.23	6.5	虎跑公园
776	圆柏	Sabina chinensis	柏科	圆柏属	三级	150	15	1.05	5	虎跑公园
777	圆柏	Sabina chinensis	柏科	圆柏属	三级	150	13	1.07	6.4	虎跑公园
778	圆柏	Sabina chinensis	柏科	圆柏属	三级	120	11.5	1.52	7.4	文澜阁
779	圆柏	Sabina chinensis	柏科	圆柏属	三级	120	12.3	1.3	5.8	文澜阁
780	龙柏	Sabina chinensis 'Kaizuca'	柏科	圆柏属	一级	630	13.2	1.83	6.5	吴山景区
781	龙柏	Sabina chinensis 'Kaizuca'	柏科	圆柏属	三级	100	10	1.75	7.6	蒋庄
782	龙柏	Sabina chinensis 'Kaizuca'	柏科	圆柏属	三级	100	12.3	1.85	9	蒋庄
783	龙柏	Sabina chinensis 'Kaizuca'	柏科	圆柏属	三级	100	15	1.1	6.4	玉皇山
784	竹柏	Nageia nagi	罗汉松科	竹柏属	三级	200	7.3	1.5	3.5	九〇三医院
785	响叶杨	Populus adenopoda	杨柳科	杨属	二级	350	15.3	2.1	7.8	上天竺
786	南川柳	Salix rosthornii	杨柳科	柳属	三级	220	9.8	3	11.2	三潭印月
787	南川柳	Salix rosthornii	杨柳科	柳属	三级	165	4.1	4.2	5.5	三潭印月
788	南川柳	Salix rosthornii	杨柳科	柳属	三级	160	9.1	2.5	10.4	三潭印月
789	南川柳	Salix rosthornii	杨柳科	柳属	三级	155	10.3	1.9	12.3	三潭印月
790	南川柳	Salix rosthornii	杨柳科	柳属	三级	100	11.2	2.9	10.1	三潭印月
791	南川柳	Salix rosthornii	杨柳科	柳属	三级	100	9.1	2.6	8.9	三潭印月
792	南川柳	Salix rosthornii	杨柳科	柳属	三级	100	12	2.5	10.3	三潭印月
793	南川柳	Salix rosthornii	杨柳科	柳属	三级	100	10.7	2.7	10.7	三潭印月
794	南川柳	Salix rosthornii	杨柳科	柳属	三级	100	4.2	3.45	4.4	西泠桥
795	锥栗	Castanea henryi	壳斗科	栗属	三级	180	19.6	1.68	10.8	灵隐景区
796	青冈栎	Cyclobalanopsis glauca	壳斗科	青冈属	二级	310	20	1.6	6.5	灵隐景区
797	青冈栎	Cyclobalanopsis glauca	壳斗科	青冈属	三级	210	21.1	1.23	11.7	云栖竹径
798	青冈栎	Cyclobalanopsis glauca	壳斗科	青冈属	三级	160	25.3	2.3	15.8	云栖竹径
799	青冈栎	Cyclobalanopsis glauca	壳斗科	青冈属	三级	120	7.9	2.15	7.6	黄龙洞
800	青冈栎	Cyclobalanopsis glauca	壳斗科	青冈属	三级	110	7.6	2.15	8.8	六通宾馆
801	青冈栎	Cyclobalanopsis glauca	壳斗科	青冈属	三级	110	26.2	2.2	8.6	六通宾馆
802	青冈栎	Cyclobalanopsis glauca	壳斗科	青冈属	三级	110	6.9	1.25	5.7	六通宾馆
803	青冈栎	Cyclobalanopsis glauca	壳斗科	青冈属	三级	100	5.3	2.6	19	杭州植物园
804	白栎	Quercus fabri	壳斗科	栎属	三级	160	18.5	2.15	19.1	孤山景区
805	白栎	Quercus fabri	壳斗科	栎属	三级	160	17.8	2	12	吴山景区
806	白栎	Quercus fabri	壳斗科	栎属	三级	150	25	2.2	12.5	孤山景区
807	杭州榆	Ulmus changii	榆科	榆属	三级	200	31	2.4	19.5	龙井村
808	榔榆	Ulmus parvifolia	榆科	榆属	三级	110	7.3	2.2	9.4	湖滨公园
809	红果榆	Ulmus szechuanica	榆科	榆属	二级	300	26	3.05	20.2	灵隐景区
810	红果榆	Ulmus szechuanica	榆科	榆属	三级	180	33.2	2.4	24.1	云栖竹径
811	红果榆	Ulmus szechuanica	榆科	榆属	三级	180	33.2	2.25	14.6	云栖竹径
812	红果榆	Ulmus szechuanica	榆科	榆属	三级	180	24.1	2.85	17.7	云栖竹径
813	红果榆	Ulmus szechuanica	榆科	榆属	三级	150	44	2.2	36	灵隐景区
814	红果榆	Ulmus szechuanica	榆科	榆属	三级	100	40	1.88	38	灵隐景区
815	玉兰	Magnolia denudata	木兰科	木兰属	一级	500	12	2.8	7.5	上天竺法喜寺
816	浙江樟	Cinnamomum chekiangense	樟科	樟属	三级	100	14	2.16	9.7	杭州植物园
817	豹皮樟	Litsea coreana var. sinensis	樟科	木姜子属	三级	230	15.5	1.3	8.3	云栖竹径
818	豹皮樟	Litsea coreana var. sinensis	樟科	木姜子属	三级	210	6	1.7	5.7	云栖竹径
819	薄叶润楠	Machilus leptophylla	樟科	润楠属	二级	330	11.4	1.3	16	上天竺法喜寺

续表

序号	名称	拉丁名	科名	属名	古树等级	树龄	树高（m）	胸围（m）	冠幅（m）	位置
820	薄叶润楠	Machilus leptophylla	樟科	润楠属	二级	330	12	1.6	8.5	上天竺法喜寺
821	刨花楠	Machilus pauhoi	樟科	润楠属	二级	390	17.5	2.8	13	法云古村
822	刨花楠	Machilus pauhoi	樟科	润楠属	二级	390	8.2	1.36	5.5	法云古村
823	红楠	Machilus thunbergii	樟科	润楠属	三级	110	5.7	1.4	5.6	六通宾馆
824	紫楠	Phoebe sheareri	樟科	楠属	三级	200	14	1.9	11.6	灵隐景区
825	檫木	Sassafras tzumu	樟科	檫木属	三级	100	23	3.6	17.5	浙大之江校区
826	浙江红山茶	Camellia chekiangoleosa	山茶科	山茶属	三级	100	5	1.15	4.2	上天竺
827	美人茶	Camellia uraku	山茶科	山茶属	三级	100	8	0.88	9	中山公园
828	木荷	Schima superba	山茶科	木荷属	三级	160	20	1.67	9.5	云栖竹径
829	木荷	Schima superba	山茶科	木荷属	三级	130	22.2	2.6	15.1	云栖竹径
830	蚊母树	Distylium racemosum	金缕梅科	蚊母树属	三级	106	8	1.1	8	湖滨公园
831	木香	Rosa banksiae	蔷薇科	蔷薇属	三级	210	5	0.7	10	镜湖厅
832	黄檀	Dalbergia hupeana	豆科	黄檀属	三级	175	18	2	7.5	中国农科院茶科所
833	皂荚	Gleditsia sinensis	豆科	皂荚属	二级	320	19.5	3.16	17.1	满觉陇路
834	皂荚	Gleditsia sinensis	豆科	皂荚属	三级	260	19.4	2.95	16	葛岭
835	常春油麻藤	Mucuna sempervirens	豆科	油麻藤属	三级	150	5	1.2	10	吴山景区
836	常春油麻藤	Mucuna sempervirens	豆科	油麻藤属	三级	150	5	1.2	10	吴山景区
837	常春油麻藤	Mucuna sempervirens	豆科	油麻藤属	三级	125	5	0.65	10	虎跑公园
838	刺槐	Robinia pseudoacacia	豆科	刺槐属	三级	120	16	1.8	8.5	吴山景区
839	龙爪槐	Sophora japonica var. pendula	豆科	槐属	三级	100	4.8	0.92	4.8	孤山景区
840	龙爪槐	Sophora japonica var. pendula	豆科	槐属	三级	100	5.2	0.75	4.7	中山公园
841	龙爪槐	Sophora japonica var. pendula	豆科	槐属	三级	100	4.7	0.65	4.5	中山公园
842	紫藤	Wisteria sinensis	豆科	紫藤属	三级	230	5	0.8	10	镜湖厅
843	紫藤	Wisteria sinensis	豆科	紫藤属	三级	210	5	0.8	10	北山街
844	紫藤	Wisteria sinensis	豆科	紫藤属	三级	210	5	0.8	10	北山街
845	紫藤	Wisteria sinensis	豆科	紫藤属	三级	210	5	0.8	10	镜湖厅
846	紫藤	Wisteria sinensis	豆科	紫藤属	三级	210	5	0.8	10	镜湖厅
847	乌桕	Sapium sebiferum	大戟科	乌桕属	三级	160	20.2	2.63	16.4	三潭印月
848	鸡爪槭	Acer palmatum	槭树科	槭属	三级	100	5	1.46	5.6	刘庄
849	羽毛枫	Acer palmatum 'Dissectum'	槭树科	槭属	三级	100	3	0.52	5	花港公园
850	无患子	Sapindus mukorossi	无患子科	无患子属	三级	210	9.2	1.45	10	灵隐景区
851	无患子	Sapindus mukorossi	无患子科	无患子属	三级	200	17.1	2.5	11.9	孤山景区
852	七叶树	Aesculus chinensis	七叶树科	七叶树属	一级	600	22.1	4.6	14.6	上韬光
853	七叶树	Aesculus chinensis	七叶树科	七叶树属	三级	230	36.8	2.9	19	云栖竹径
854	七叶树	Aesculus chinensis	七叶树科	七叶树属	三级	200	25.2	2.8	17	上韬光
855	七叶树	Aesculus chinensis	七叶树科	七叶树属	三级	160	25.8	2.84	18.4	云栖竹径
856	七叶树	Aesculus chinensis	七叶树科	七叶树属	三级	160	22.1	2.45	19.2	虎跑公园
857	七叶树	Aesculus chinensis	七叶树科	七叶树属	三级	110	26	2.4	17.7	龙井村
858	七叶树	Aesculus chinensis	七叶树科	七叶树属	三级	100	17	1.92	13.5	虎跑公园
859	七叶树	Aesculus chinensis	七叶树科	七叶树属	三级	100	18	2.01	15.2	虎跑公园

续表

序号	名称	拉丁名	科名	属名	古树等级	树龄	树高(m)	胸围(m)	冠幅(m)	位置
860	大叶冬青	*Ilex latifolia*	冬青科	冬青属	名木	70	8	1	5.5	凤凰山
861	梧桐	*Firmiana simplex*	梧桐科	梧桐属	三级	150	24.4	1.8	9.6	中天竺法净寺
862	佘山羊奶子	*Elaeagnus argyi*	胡颓子科	胡颓子属	三级	110	5	2.73	6.8	花港公园
863	紫薇	*Lagerstroemia indica*	千屈菜科	紫薇属	三级	110	9.8	1.3	5.1	刘庄
864	紫薇	*Lagerstroemia indica*	千屈菜科	紫薇属	三级	104	2.8	0.9	1.8	文澜阁
865	紫薇	*Lagerstroemia indica*	千屈菜科	紫薇属	三级	100	12.6	1.04	8	孤山景区
866	石榴	*Punica granatum*	石榴科	石榴属	三级	110	5.1	0.45	5.4	三潭印月
867	石榴	*Punica granatum*	石榴科	石榴属	三级	110	5	0.8	5.3	凤凰山
868	浙江柿	*Diospyros glaucifolia*	柿科	柿属	三级	280	20.7	1.7	9.6	云栖竹径
869	白蜡树	*Fraxinus chinensis*	木樨科	白蜡树属	三级	110	6.2	1.5	7.5	三潭印月
870	女贞	*Ligustrum lucidum*	木樨科	女贞属	三级	152	12	2.36	7	孤山景区
871	女贞	*Ligustrum lucidum*	木樨科	女贞属	三级	130	14.8	1.9	10.3	吴山景区
872	女贞	*Ligustrum lucidum*	木樨科	女贞属	三级	130	7.8	1.35	5.4	凤凰山
873	女贞	*Ligustrum lucidum*	木樨科	女贞属	三级	100	13	1.76	10.5	吴山景区
874	楸树	*Catalpa bungei*	紫葳科	梓树属	一级	530	15	1.64	6.6	吴山景区
875	楸树	*Catalpa bungei*	紫葳科	梓树属	一级	530	16.1	1.8	6.9	吴山景区
876	楸树	*Catalpa bungei*	紫葳科	梓树属	二级	300	26.5	2	10.6	龙井村
877	楸树	*Catalpa bungei*	紫葳科	梓树属	二级	300	35	2	9.9	龙井村
878	楸树	*Catalpa bungei*	紫葳科	梓树属	二级	300	25.6	2.55	10.7	灵隐景区
879	楸树	*Catalpa bungei*	紫葳科	梓树属	三级	210	17.5	2	13.2	北山街

附录二　相关政策、法规

城市古树名木保护管理办法

(建城[2000]192号)

第一条 为切实加强城市古树名木的保护管理工作，制定本办法。

第二条 本办法适用于城市规划区内和风景名胜区的古树名木保护管理。

第三条 本办法所称的古树，是指树龄在一百年以上的树木。

本办法所称的名木，是指国内外稀有的以及具有历史价值和纪念意义及重要科研价值的树木。

第四条 古树名木分为一级和二级。

凡树龄在300年以上，或者特别珍贵稀有，具有重要历史价值和纪念意义，重要科研价值的古树名木，为一级古树名木；其余为二级古树名木。

第五条 国务院建设行政主管部门负责全国城市古树名木保护管理工作。

省、自治区人民政府建设行政主管部门负责本行政区域内的城市古树名木保护管理工作。

城市人民政府城市园林绿化行政主管部门负责本行政区域内城市古树名木保护管理工作。

第六条 城市人民政府城市园林绿化行政主管部门应当对本行政区域内的古树名木进行调查、鉴定、定级、登记、编号，并建立档案，设立标志。

一级古树名木由省、自治区、直辖市人民政府确认，报国务院建设行政主管部门备案；二级古树名木由城市人民政府确认，直辖市以外的城市报省、自治区建设行政主管部门备案。

城市人民政府园林绿化行政主管部门应当对城市古树名木，按实际情况分株制定养护、管理方案，落实养护责任单位、责任人，并进行检查指导。

第七条 古树名木保护管理工作实行专业养护部门保护管理和单位、个人保护管理相结合的原则。

生长在城市园林绿化专业养护管理部门管理的绿地、公园等的古树名木，由城市园林绿化专业养护管理部门保护管理。

生长在铁路、公路、河道用地范围内的古树名木，由铁路、公路、河道管理部门保护管理。

生长在风景名胜区内的古树名木，由风景名胜区管理部门保护管理。

散生在各单位管界内及个人庭院中的古树名木，由所在单位和个人保护管理。

变更古树名木养护单位或者个人，应当到城市园林绿化行政主管部门办理养护责任转移手续。

第八条 城市园林绿化行政主管部门应当加强对城市古树名木的监督管理和技术指导，积极组织开展对古树名木的科学研究，推广应用科研成果，普及保护知识，提高保护和管理水平。

第九条 古树名木的养护管理费用由古树名木责任单位或者责任人承担。

抢救、复壮古树名木的费用，城市园林绿化行政主管部门可适当给予补贴。

城市人民政府应当每年从城市维护管理经费、城市园林绿化专项资金中划出一定比例的资金用于城市古树名木的保护管理。

第十条 古树名木养护责任单位或者责任人应按照城市园林绿化行政主管部门规定的养护管理措施实施保护管理。古树名木受到损害或者长势衰弱，养护单位和个人应当立即报告城市园林绿化行政主管部门，由城市园林绿化行政主管部门组织治理复壮。

对已死亡的古树名木，应当经城市园林绿化行政主管部门确认，查明原因，明确责任并予以注销登记后，方可进行处理。处理结果应及时上报省、自治区、直辖市建设行政部门或者直辖市园林绿化行政主管部门。

第十一条 集体和个人所有的古树名木，未经城市园林绿化行政主管部门审核，并报城市人民政府批准的，不得买卖、转让。捐献给国家的，应给予适当奖励。

第十二条 任何单位和个人不得以任何理由、任何方式砍伐和擅自移植古树名木。

因特殊需要，确需移植二级古树名木的，应当经城市园林绿化行政主管部门和建设行政主管部门审查同意后，报省、自治区、直辖市建设行政主管部门批准；移植一级古树名木的，应经省、自治区、直辖市建设行政主管部门审核，报省、自治区人民政府批准。

直辖市确需移植一、二级古树名木的，由城市园林绿化行政主管部门审核，报城市人民政府批准移植所需费用，由移植单位承担。

第十三条 严禁下列损害城市古树名木的行为：

（一）在树上刻划、张贴或者悬挂物品；

（二）在施工等作业时借树木作为支撑物或者固定物；

（三）攀树、折枝、挖根摘采果实种子或者剥损树枝、树干、树皮；

（四）距树冠垂直投影5米的范围内堆放物料、挖坑取土、兴建临时设施建筑、倾倒有害污水、污物垃圾，动用明火或者排放烟气；

（五）擅自移植、砍伐、转让买卖。

第十四条 新建、改建、扩建的建设工程影响古树名木生长的，建设单位必须提出避让和保护措施。城市规划行政部门在办理有关手续时，要征得城市园林绿化行政部门的同意，并报城市人民政府批准。

第十五条 生产、生活设施等生产的废水、废气、废渣等危害古树名木生长的，有关单位和个人必须按照城市绿化行政主管部门和环境保护部门的要求，在限期内采取措施，清除危害。

第十六条 不按照规定的管理养护方案实施保护管理，影响古树名木正常生长，或者古树名木已受损害或者衰弱，其养护管理责任单位和责任人未报告，并未采取补救措施导致古树名木死亡的，由城市园林绿化行政主管部门按照《城市绿化条例》第二十七条规定予以处理。

第十七条 对违反本办法第十一条、十二条、十三条、十四条规定的，由城市园林绿化行政主管部门按照《城市绿化条例》第二十七条规定，视情节轻重予以处理。

第十八条 破坏古树名木及其标志与保护设施，违反《中华人民共和国治安管理处罚条例》的，由公安机关给予处罚，构成犯罪的，由司法机关依法追究刑事责任。

第十九条 城市园林绿化行政主管部门因保护、整治措施不力，或者工作人员玩忽职守，致使古树名木损伤或者死亡的，由上级主管部门对该管理部门领导给予处分；情节严重、构成犯罪的，由司法机关依法追究刑事责任。

第二十条 本办法由国务院建设行政主管部门负责解释。

第二十一条 本办法自发布之日起施行。

浙江省古树名木保护办法

（2017年7月7日浙江省人民政府令第356号公布　自2017年10月1日起施行）

第一条　为了保护古树名木资源，促进生态文明建设，根据《中华人民共和国森林法》《城市绿化条例》等法律、法规的规定，结合本省实际，制定本办法。

第二条　本省行政区域内古树名木的保护和管理活动，适用本办法。

第三条　本办法所称的古树，是指经依法认定的树龄100年以上的树木；本办法所称的名木，是指经依法认定的稀有、珍贵树木和具有历史价值、重要纪念意义的树木。

第四条　古树名木保护实行属地管理、政府主导、专业保护与公众保护相结合的原则。

第五条　县级以上人民政府应当加强古树名木的保护和管理工作，将古树名木的资源调查、认定、抢救以及古树名木保护的宣传培训等经费列入同级财政预算。

第六条　县级以上林业、城市园林绿化行政主管部门（以下统称古树名木行政主管部门）依照职责分工，负责本行政区域内古树名木的保护和管理工作。法律、法规另有规定的，从其规定。

乡（镇）人民政府、街道办事处协助古树名木行政主管部门做好本行政区域内古树名木的保护和管理工作。

第七条　单位和个人都有保护古树名木的义务，不得损害和自行处置古树名木，有权制止和举报损害古树名木的行为。

第八条　县级以上古树名木行政主管部门应当定期对本行政区域内的古树名木资源进行普查，将符合条件的树木按照以下规定进行认定，实行分级保护：

（一）对树龄500年以上的古树实行一级保护，由县（市、区）古树名木行政主管部门组织鉴定，报省古树名木行政主管部门认定；

（二）对名木实行一级保护，由县（市、区）古树名木行政主管部门组织鉴定，报省古树名木行政主管部门认定；

（三）对树龄300年以上不满500年的古树实行二级保护，由县（市、区）古树名木行政主管部门组织鉴定，报设区的市古树名木行政主管部门认定；

（四）对树龄100年以上不满300年的古树实行三级保护，由县（市、区）古树名木行政主管部门组织鉴定后认定。

设区的市、县（市、区）古树名木行政主管部门应当将古树名木目录报省古树名木行政主管部门备案。县级以上古树名木行政主管部门应当将古树名木目录及时向社会公布。

第九条　县级以上古树名木行政主管部门应当按照一树一档的要求，统一编号，建立古树名木图文档案和电子信息数据库，对古树名木的位置、特征、树龄、生长环境、生长情况、保护现状等信息进行动态管理。

第十条 县（市、区）人民政府应当在古树名木周围设立保护标志，设置必要的保护设施，并按照以下规定划定保护范围：

（一）一级保护的古树和名木保护范围不小于树冠垂直投影外5米；

（二）二级保护的古树保护范围不小于树冠垂直投影外3米；

（三）三级保护的古树保护范围不小于树冠垂直投影外2米。禁止损毁、擅自移动古树名木保护标志和保护设施。

第十一条 县（市、区）古树名木行政主管部门按照下列规定，确定古树名木的养护人：

（一）生长在自然保护区、风景名胜区、旅游度假区等用地范围内的古树名木，该区域的管理单位为养护人；

（二）生长在文物保护单位、寺庙、机关、部队、企业事业单位等用地范围内的古树名木，该单位为养护人；

（三）生长在园林绿化管理部门管理的公共绿地、公园、城市道路用地范围内的古树名木，园林绿化专业养护单位为养护人；

（四）生长在铁路、公路、江河堤坝和水库湖渠等用地范围内的古树名木，铁路、公路和水利设施等的管理单位为养护人；

（五）其他生长在农村、城市住宅小区、居民私人庭院范围内的古树名木，该古树名木的所有人或者受所有人委托管理的单位为养护人。

养护人不明确或者有异议的，由古树名木所在地县（市、区）古树名木行政主管部门协调确定。

第十二条 省古树名木行政主管部门应当按照古树名木分级保护要求，制定古树名木养护技术规范，并向社会公布。

县级以上古树名木行政主管部门应当加强古树名木养护知识的宣传和培训，指导养护人按照养护技术规范对古树名木进行养护，并无偿提供技术服务。

养护人应当按照养护技术规范对古树名木进行日常养护，古树名木的日常养护费用由养护人承担。

第十三条 县级以上古树名木行政主管部门应当建立古树名木养护激励机制，与养护人签订养护协议，明确养护责任、养护要求、奖惩措施等事项，并根据古树名木的保护级别、养护状况和费用支出等情况给予养护人适当费用补助。

第十四条 县（市、区）古树名木行政主管部门应当定期组织专业技术人员对古树名木进行专业养护。

养护人发现古树名木遭受有害生物危害或者其他生长异常情况时，应当及时报告县（市、区）古树名木行政主管部门；县（市、区）古树名木行政主管部门应当及时调查核实，情况属实的，及时进行救治。

第十五条 鼓励单位和个人向国家捐献古树名木以及捐资保护、认养古树名木。

县级以上人民政府可以对捐献古树名木的单位和个人给予适当奖励。

第十六条 因古树名木保护措施的实施对单位和个人造成财产损失的，县（市、区）古树名木行政主管部门应当给予适当补偿。

古树名木保护措施影响文物保护措施落实时，古树名木行政主管部门应当与文物行政主管部门协商，采取相应的保护措施。

第十七条 禁止下列损害古树名木的行为：

（一）擅自砍伐、采挖或者挖根、剥树皮；

（二）非通透性硬化古树名木树干周围地面；

（三）在古树名木保护范围内新建扩建建筑物和构筑物、挖坑取土、动用明火、排烟、采石、倾倒有害污水和堆放有毒有害物品等行为；

（四）刻划、钉钉子、攀树折枝、悬挂物品或者以古树名木为支撑物；

（五）法律、法规规定的其他禁止行为。

第十八条 基础设施建设项目确需在古树名木保护范围内进行建设施工的，建设单位应当在施工前根据古树名木行政主管部门提出的保护要求制定保护方案；县（市、区）古树名木行政主管部门对保护方案的落实进行指导和督促。

第十九条 有下列情形之一的，可以对古树名木进行迁移，实行异地保护：

（一）原生长环境不适宜古树名木继续生长，可能导致古树名木死亡的；

（二）古树名木的生长可能对公众生命、财产安全造成危害，无法采取防护措施消除隐患的；

（三）因国家和省重点建设项目建设，确实无法避让的；

（四）因科学研究需要的。

迁移古树名木应当制定迁移方案，落实迁移、养护费用，并按照《中华人民共和国森林法》《城市绿化条例》的规定办理审批手续。

第二十条 养护人发现古树名木死亡的，应当及时报告县（市、区）古树名木行政主管部门。县（市、区）古树名木行政主管部门在接到报告后10个工作日内组织人员进行核实，情况属实的，及时报相应的古树名木行政主管部门予以注销。

砍伐已死亡的古树名木应当依法办理审批手续。已死亡的古树名木具有重要景观、文化、科研价值，可以采取相应措施予以保留。

第二十一条 违反本办法第十条第二款规定，损毁或者擅自移动古树名木保护标志、保护设施的，由县级以上古树名木行政主管部门责令改正，可以处500元以上5000元以下的罚款。

第二十二条 违反本办法第十七条第一项规定，损害古树名木的，由县级以上古树名木行政主管部门依照《浙江省森林管理条例》规定处罚；构成犯罪的，依法追究刑事责任。

第二十三条 违反本办法第十七条第二项、第三项规定，损害古树名木的，由县级以上古树名木行政主管部门责令改正，可以处5000元以上1万元以下的罚款；情节严重的，处1万元以上10万元以下的罚款；构成犯罪的，依法追究刑事责任。

违反本办法第十七条第四项规定，损害古树名木的，由县级以上古树名木行政主管部门责令改正，可以处200元以上2000元以下的罚款；情节严重的，处2000元以上3万元以下的罚款。

第二十四条 建设单位违反本办法第十八条规定，未在施工前制定古树名木保护方案，或者未按照古树名木保护方案施工的，由县级以上古树名木行政主管部门责令改正，可以处1万元以上3万元以下的罚款；情节严重的，处3万元以上10万元以下的罚款；构成犯罪的，依法追究刑事责任。

第二十五条 县级以上古树名木行政主管部门及其工作人员滥用职权、徇私舞弊、玩忽职守致使古树名木受损害或者死亡的，由有权机关对直接负责的主管人员和其他直接责任人员依法给予行政处分。

第二十六条 本办法自2017年10月1日起施行。

杭州市人民代表大会常务委员会关于加强古树名木保护工作的决定

（2022年8月31日杭州市第十四届人民代表大会 常务委员会第四次会议通过）

古树名木是生物多样性的重要体现，是自然界和历史留给人类的宝贵财富，具有重要的生态价值、历史文化价值和科学价值。为深入贯彻习近平生态文明思想，进一步加强古树名木保护工作，高水平打造美丽中国建设样本，依据《中华人民共和国森林法》《城市绿化条例》等法律、法规，结合我市实际，作出如下决定：

一、我市坐拥西湖文化景观、大运河（杭州段）、良渚古城遗址三大世界文化遗产，古树名木资源十分丰富。古树名木是杭州自然生态环境和悠久历史文化的象征，传递着杭州的山水城市理念，延续着城市的历史和文脉，承载着人民群众的美好记忆和深厚感情。全市上下要深入贯彻习近平总书记关于人与自然和谐共生的系列重要论述，牢固树立山水林田湖草是生命共同体的科学理念，切实增强保护古树名木的责任感和使命感，把古树名木作为城市生命之根保护好、管理好、传承好，久久为功、善作善成，不断厚植生态文明之都和历史文化名城特色优势，让人民群众共享生态文明建设成果。

二、古树是指经依法认定的树龄100年以上的树木；名木是指经依法认定的稀有、珍贵树木和具有历史价值、重要纪念意义的树木。

三、古树名木保护坚持属地管理、政府主导、严格保护、合理利用的原则。市和区、县（市）人民政府应当将古树名木保护所需资金纳入本级财政预算。

四、市和区、县（市）绿化、林业行政主管部门（以下统称古树名木行政主管部门）依照职责分工，负责本行政区域内古树名木的保护、管理工作。发展改革、财政、规划和自然资源、建设、公安、城市管理等部门按照各自职责，共同做好古树名木保护工作。

五、任何单位和个人都有保护古树名木的义务，不得损害和自行处置古树名木，有权制止和举报损害古树名木的行为。鼓励社会力量通过捐资、认养、提供技术服务或者志愿服务等多种方式，依法参与古树名木保护工作。对在古树名木保护工作中有显著贡献的单位和个人，市和区、县（市）人民政府可以按照国家有关规定给予表彰和奖励。

六、市和区、县（市）古树名木行政主管部门应当定期组织古树名木普查工作，将符合条件的树木按照有关规定进行认定、登记、编号，建立古树名木目录及时向社会公布。建立古树名木数字化档案，编制古树名木保护专项规划，并纳入国土空间规划。

七、区、县（市）古树名木行政主管部门应当定期开展古树名木保护情况巡查工作，组织制定古树名木保护应急预案；根据古树名木权属情况，落实古树名木保护管理责任单位和责任人；加强古树名木养护知识的培训指导，提升科学养护水平；加强古树名木保护的宣传教育，增强全社会保护古树名木的自觉性。

八、保护管理责任单位和责任人应当按照养护技术规范加强对古树名木的日常养护，防范和制止各种损害古树名木的行为，自觉接受古树名木行政主管部门的指导和监督检查。古树名木的日常养护经费由保护管理责任单位或责任人承担，市和区、县（市）人民政府可以根据具体情况，给予适当补助。

九、古树名木应当原址保护，不得擅自迁移。禁止砍伐或擅自修剪古树名木，不得实施挖根、剥皮、刻划以及法律、法规禁止的其他行为。

十、市和区、县（市）人民政府应当在古树名木周围设立统一性的保护标志，并科学划定保护范围。市和区、县（市）规划和自然资源主管部门编制或调整单元控制性规划时，应当征求古树名木行政主管部门意见。在古树名木保护范围内，应当采取措施保持土壤的透水、透气性，不得进行地下空间开发，不得从事采石、取土、堆土、堆物、倾倒有害物质、硬化土地、铺设管线、亮灯、动用明火、排放烟气、新建扩建建筑物和构筑物等危及古树名木生长的行为。

十一、国家和省市重点建设项目确需在古树名木保护范围内建设施工，无法避让的，建设单位应当在施工前制定保护方案。保护方案应当符合古树名木行政主管部门提出的保护要求，落实情况应当接受古树名木行政主管部门的指导和监督。

十二、对于存在古树名木的国有建设用地，规划和自然资源等主管部门在收储前应当征求古树名木行政主管部门意见，并将保护要求纳入建设条件须知。建设项目应在编制可行性研究报告、初步设计（方案）中明确古树名木保护专篇。城市更新项目应在片区策划和设计方案中编制古树名木保护专篇。相关单位应当在项目设计、实施、验收全过程落实古树名木保护专篇的要求。

十三、古树名木的死亡，由区、县（市）古树名木行政主管部门进行核实，情况属实的，及时报相应的古树名木行政主管部门予以注销。死亡的古树名木仍具有重要历史、文化、景观、科研等价值或者重要纪念意义的，经市古树名木行政主管部门确认后，由区、县（市）人民政府采取安全防范措施予以保留。

十四、西湖文化景观、大运河（杭州段）、良渚古城遗址遗产地，城市公园和历史文化街区、历史文化名镇、名村、传统村落范围内的古树名木，保护管理责任单位、责任人应当制定"一树一策"保护方案。遗产地保护管理责任单位应当每年组织开展区域内古树名木生长状况评估，并纳入遗产监测内容。

十五、在注重保护优先的前提下合理利用古树名木资源。鼓励开展自然教育和科学研究，结合城市有机更新、美丽城镇建设、乡村振兴等工作，挖掘提炼古树名木景观、生态和历史人文价值，科学谋划打造古树名木主题公园、休闲广场、绿色廊道等绿地空间，提升人民群众的幸福感和获得感。

十六、市和区、县（市）人民政府应当定期组织开展古树名木保护情况专项评估，并将专项评估结果向本级人民代表大会常务委员会报告，接受其监督。区、县（市）的保护专项评估结果应当同时报送上级人民政府。

十七、违反本决定，造成古树名木受损、死亡的，依照有关法律、法规、规章的规定实施处罚。

十八、加强古树后续资源的保护工作，对树龄80年以上的古树后续资源的保护办法，由市人民政府制定。

杭州市城市古树名木保护管理办法

（2023年12月6日杭州市人民政府令第346号公布　自2024年2月1日起施行）

第一条　为了保护古树名木和古树后续资源，促进生态文明建设，根据《城市绿化条例》《杭州市城市绿化管理条例》等法律、法规的规定，结合本市实际，制定本办法。

第二条　本市行政区域城市绿化范围内古树名木和古树后续资源的保护管理活动，适用本办法。

有关法律、法规规定由林业等行政主管部门依照职责开展的非城市绿化范围内的古树名木和古树后续资源保护管理工作，依照有关法律、法规执行。

第三条　本办法所称的古树是指经依法认定的树龄一百年以上的树木；名木是指经依法认定的稀有、珍贵树木和具有历史价值、重要纪念意义的树木；古树后续资源是指经依法认定的树龄在八十年以上且不满一百年的树木。

第四条　古树名木和古树后续资源保护应当坚持属地管理、政府主导、严格保护、合理利用的原则。

第五条　市人民政府统筹推进全市古树名木和古树后续资源保护管理工作，协调解决保护管理过程中的重大问题，并将古树名木和古树后续资源保护纳入国土空间规划。

区、县（市）人民政府具体推进本行政区域内古树名木和古树后续资源保护管理工作，确定古树名木行政主管部门，并组织相关部门做好保护管理工作。

市和区、县（市）人民政府应当将古树名木和古树后续资源保护所需资金列入本级财政预算。

乡（镇）人民政府、街道办事处协助做好本行政区域内古树名木和古树后续资源保护管理工作。

第六条　市城市绿化行政主管部门和区、县（市）人民政府确定的部门（以下统称古树名木行政主管部门）依照职责分工，负责本行政区域内古树名木和古树后续资源保护管理工作，并组织编制古树名木和古树后续资源保护专项规划。

发展和改革、财政、规划和自然资源、城乡建设、农业农村、民族宗教、城市管理等部门在各自职责范围内做好古树名木和古树后续资源的保护管理工作。

第七条　市古树名木行政主管部门应当每十年组织区、县（市）古树名木行政主管部门对古树名木和古树后续资源进行一次普查，建立古树名木和古树后续资源目录并及时向社会公布。

市和区、县（市）古树名木行政主管部门按照省有关规定依照职责组织开展古树名木的鉴定和认定，并将古树名木目录报省古树名木行政主管部门备案。

区、县（市）古树名木行政主管部门组织开展古树后续资源的鉴定和认定，并将古树后续资源目录报市古树名木行政主管部门备案。

第八条　鼓励单位和个人向古树名木行政主管部门报告未经公布的古树名木信息。

古树名木行政主管部门接到报告后应当组织调查，经依法鉴定属于古树名木的，应当依照规定对报告人给予表彰。

第九条 市古树名木行政主管部门应当建立本市古树名木和古树后续资源图文档案及电子信息数据库，对古树名木和古树后续资源的位置、特征、树龄、生长环境、生长情况、保护现状等信息进行动态管理，推动古树名木和古树后续资源保护利用的数字化管理。

第十条 区、县（市）古树名木行政主管部门应当对已公布的古树名木和古树后续资源设立保护标志，设置必要的保护设施。

古树名木保护标志按照省古树名木行政主管部门确定的样式制定；古树后续资源保护标志按照市古树名木行政主管部门确定的样式制定。

禁止损毁、擅自移动古树名木和古树后续资源的保护标志和保护设施。

第十一条 任何单位、个人都有保护古树名木和古树后续资源的义务，有权制止和举报损害古树名木和古树后续资源的行为。

第十二条 鼓励社会力量通过捐资、认养或者志愿服务等多种方式，依法参与古树名木和古树后续资源的保护工作。

捐资、认养古树名木和古树后续资源的单位和个人可以按照捐资或者认养约定享有一定期限的署名权。捐资、认养、志愿服务等行为视为义务植树的尽责形式。

第十三条 鼓励利用古树名木和古树后续资源的优良基因，开展物候学、生物学、遗传育种等科学研究，合理利用古树名木和古树后续资源的花、叶和果实等资源。

鼓励结合历史文化街区、历史建筑等保护，充分挖掘古树名木和古树后续资源的历史、文化、生态、科研价值，通过建设科普和生态文明教育基地等形式，对古树名木和古树后续资源进行适度开发利用。

利用古树名木和古树后续资源应当采取科学有效的保护措施，不得影响古树名木和古树后续资源正常生长，并接受古树名木行政主管部门的监督检查。

第十四条 区、县（市）古树名木行政主管部门按照下列规定，确定古树名木和古树后续资源的养护责任人：

（一）生长在自然保护区、风景名胜区、旅游度假区等用地范围内的古树名木和古树后续资源，该区域的管理单位为养护责任人；

（二）生长在文物保护单位、寺庙、机关、部队、企事业单位等用地范围内的古树名木和古树后续资源，该单位为养护责任人；

（三）生长在园林绿化管理部门管理的公共绿地、公园、城市道路用地范围内的古树名木和古树后续资源，园林绿化专业养护单位为养护责任人；

（四）生长在铁路、公路、江河堤坝和水库湖渠等用地范围内的古树名木和古树后续资源，铁路、公路和水利设施等的管理单位为养护责任人；

（五）生长在已征收未出让土地上的古树名木和古树后续资源，做地主体为养护责任人；土地出让后，土地使用权人为养护责任人；

（六）其他生长在城市住宅小区、居民私人庭院范围内的古树名木和古树后续资源，其所有人或者受所有人委托管理的单位为养护责任人。

养护责任人不明确或者有异议的,由古树名木和古树后续资源所在地区、县(市)古树名木行政主管部门协调确定。

第十五条 区、县(市)古树名木行政主管部门应当建立古树名木养护激励机制,与古树名木养护责任人签订养护协议,明确养护责任、养护要求、奖惩措施等事项,并根据保护级别、养护状况和费用支出等情况给予养护责任人适当费用补助。

古树名木养护责任人发生变更的,应当及时与古树名木行政主管部门办理养护责任转移手续,重新签订养护协议。

第十六条 市古树名木行政主管部门负责制定古树名木日常养护技术导则,并向社会公布。

古树名木行政主管部门应当无偿向养护责任人提供必要的养护知识宣传培训和养护技术指导。

养护责任人应当按照日常养护技术导则对古树名木和古树后续资源进行日常养护。在日常养护管理中,养护责任人可以向古树名木行政主管部门寻求养护技术指导。

第十七条 区、县(市)古树名木行政主管部门应当定期组织专业技术人员对古树名木和古树后续资源进行专业养护。

养护责任人发现古树名木和古树后续资源遭受损害或者长势明显衰退时,应当及时报告区、县(市)古树名木行政主管部门。

第十八条 区、县(市)古树名木行政主管部门应当按照下列规定,定期对古树名木和古树后续资源的生长和养护情况进行检查:

(一)对名木、树龄五百年以上的古树,每一个月至少检查一次;

(二)对树龄不满五百年的古树,每三个月至少检查一次;

(三)对古树后续资源,每六个月至少检查一次。

第十九条 区、县(市)古树名木行政主管部门接到古树名木和古树后续资源遭受损害或者长势明显衰退的报告,或者发现古树名木和古树后续资源生长异常、环境状况影响生长的,应当及时组织采取抢救、复壮等处理措施,必要时组织专业技术人员开展抢救性保护工作。

第二十条 古树名木行政主管部门应当组织制定应急预案,预防重大灾害对古树名木和古树后续资源造成损害,综合运用现代科学技术与工艺,对古树名木和古树后续资源设置监控、病虫害监测、支撑、围栏、防雷、防护、引排水等应急管理设施并定期维护,提高古树名木和古树后续资源的防灾减灾能力。

遇台风、暴雨、大雪等灾害性天气时,养护责任人应当及时对古树名木和古树后续资源采取安全防范措施。

第二十一条 鼓励建立古树名木和古树后续资源保险制度。单位和个人可以根据古树名木和古树后续资源保护管理实际需要购买保险。

第二十二条 古树名木疑似死亡的,养护责任人应当及时向所在地的区、县(市)古树名木行政主管部门报告。古树名木行政主管部门应当自接到报告之日起十个工作日内组织技术人员进行核实、鉴定并查明原因;确认死亡的,按规定注销档案。

已死亡的古树名木具有重要景观、文化、科研价值的,养护责任人应当配合古树名木行政主管部门采取相应措施予以保留,任何单位和个人不得擅自处理。

需要砍伐已死亡古树名木的,应当向所在地的区、县(市)古树名木行政主管部门提出申请,由市和区、县（市）古树名木行政主管部门根据市人民政府规定的职责分工作出决定。

第二十三条 对于存在古树名木或者古树后续资源的国有建设用地，规划和自然资源主管部门在核发选址意见书或者确定规划条件阶段，应当告知古树名木行政主管部门，并将其提出的古树名木、古树后续资源保护要求纳入建设条件须知。

第二十四条 古树名木的保护范围为树冠垂直投影区以及垂直投影区以外5米区域。古树后续资源的保护范围为树冠垂直投影区以及垂直投影区以外2米区域。

在古树名木或者古树后续资源的保护范围内进行建设施工的，建设单位在施工前应当按照古树名木行政主管部门提出的保护要求制定保护方案，区、县（市）古树名木行政主管部门对保护方案的落实进行指导和督促。

第二十五条 存在古树名木的集体土地，因依法被征收或者农用地转为建设用地的，依照职责负责古树名木保护管理的单位应当及时向古树名木行政主管部门移交古树名木档案资料。

第二十六条 市和区、县（市）人民政府应当定期组织开展古树名木和古树后续资源保护专项评估，区、县（市）的保护专项评估结果应当报送市人民政府备案。

市人民政府对古树名木和古树后续资源保护工作不力、问题突出、群众反映集中的区、县（市）人民政府及其有关部门主要负责人，可以按照有关规定予以通报、约谈，督促其整改。

第二十七条 违反本办法规定的行为，法律、法规、规章已有法律责任规定的，从其规定。

违反本办法规定的行为，已经依法纳入综合行政执法事项目录管理的，由综合行政执法部门或者乡镇人民政府、街道办事处行使相应的行政处罚权。

第二十八条 违反本办法第十条第三款规定，损毁或者擅自移动古树名木和古树后续资源保护标志、保护设施的，由区、县（市）古树名木行政主管部门责令改正，可以处500元以上5000元以下的罚款。

第二十九条 本办法自2024年2月1日起施行。

杭州市城市古树名木日常养护管理技术导则（试行）

（杭园文〔2022〕195号）

1 总则

1.1 为了适应杭州园林绿化事业高质量发展的要求，指导、规范城市古树名木的养护管理，使之更科学、有效，根据《城市古树名木保护管理办法》《浙江省古树名木保护办法》《杭州市城市绿化管理条例》《杭州市人民代表大会常务委员会关于加强古树名木保护工作的决定》《城市古树名木养护和复壮工程技术规范》（GB/T 51168—2016）等国家、省、市相关要求，结合我市实际，制定本导则。

1.2 本导则适用于杭州市城市建成区范围内的古树名木日常养护管理。

1.3 本导则中未涉及的技术内容参照国家、地方和行业相关技术标准执行。

2 定义和术语

2.1 古树名木

古树指树龄在百年以上的树木；名木指珍贵、稀有或具有历史、科学、文化价值以及有重要纪念意义的树木，包括历史和现代名人种植的树木、有重要历史事件、传说及神话故事的树木。

2.2 一级保护

名木和树龄500年（含）以上的古树实行一级保护。

2.3 二级保护

树龄300（含）年以上不满500年的古树实行二级保护。

2.4 三级保护

树龄100（含）年以上不满300年的古树实行三级保护。

2.5 古树名木保护范围

古树名木的保护范围为树冠垂直投影区及垂直投影区以外5米区域。

2.6 土壤酸碱度（pH值）

土壤酸度和碱度的总称，通常用以衡量土壤酸碱反应的强弱，主要由氢离子和氢氧根离子在土壤溶液中的浓度决定。以pH值表示，6.5以下为酸性，6.5~7.5为中性，7.5以上为碱性。

2.7 土壤含盐量

土壤中可溶性盐的总量，通常用百分比表示。

2.8 土壤有机质

土壤中所有含碳有机物质，包括土壤中各种动、植物残体、微生物体及其分解和合成的各种有机物质。

2.9 土壤入渗（渗透）率

土壤水饱和或近饱和条件下单位时间内通过土壤截面向下渗透的水量，又称土壤渗透速率。

2.10 土壤有害物质

指土壤中含有过量盐、碱、酸、油脂、重金属等对植物生长不利的物质。

2.11 罩面

指在树洞洞口用各种材料做的防护层。

2.12 朝天洞

指洞口朝上的树洞。

2.13 侧洞

指洞口朝向基本与地面平行的树洞。

2.14 落地洞

指在根颈处的树洞。

3 管理措施

3.1 养护责任人的确定

每一株古树名木均应当明确养护责任人，具体按照以下原则：城市公共绿地内的古树名木，养护责任人为由区园林绿化管理部门委托的园林绿化专业养护单位；寺庙、机关、部队、企业事业单位等用地范围内的古树名木，养护责任人为该单位；居民私人庭院、住宅小区范围内的古树名木，养护责任人为该业主或者受业主委托进行物业管理的单位。未实行物业管理的，养护责任人为所在社区。

3.2 制定养护计划

养护责任人应当结合树木具体情况制定古树名木年度养护计划，内容包括土壤改良与保护、灌溉与排水、有害生物防治、修剪、施肥、除草、防腐、补洞、保洁、设施维修等。

3.3 巡查要求

3.3.1 巡查范围

古树名木保护区及可能影响其生长的周边区域。

3.3.2 巡查内容

树木主干、大枝是否有空洞或腐烂及积水，主干是否倾斜，枝叶是否有萎蔫现象或受损痕迹，是否有害生物危害症状，干、枝、叶、花、果是否有不正常的物候变化；古树名木保护区范围及附近是否有水土流失、河岸塌方、保护设施破损、堆物、堆土、开挖、新建的建（构）筑物、水体和空气污染等。

3.3.3 巡查频率

每月不少于1次。

3.3.4 问题处置

发现少量堆土堆物、浇水不当、细微损伤等较小问题的，应及时处理。发现有害生物严重危害、树体逐渐倾斜、生长有衰弱趋势等较大问题时应当请示区园林绿化管理部门后处理。发现较大断枝、倒伏、严重倾斜、枯萎甚至死亡、人为损害、周边建设造成的严重影响等重大问题时，应当报告区园林绿化管理部门，由区园林绿化管理部门组织专家会诊，形成方案报市绿化管理部门审核同意后实施。发现有人为损害古树名木、建设工程侵占古树名木保护区等可能违法的情况时，还应当及时报告综合行政执法部门。

3.3.5 巡查记录

巡查结束后应填写古树名木巡查情况记录表，记录应当日期无误、记录连贯、事实清楚，并形成年度汇总表。

3.4 养护档案

3.4.1 区园林绿化管理部门应当对辖区内古树名木建立完整的古树名木一树一档制度。

3.4.2 档案应当是电子形式与纸质并存，电子档案上传至相关监管网络平台。纸质档案由区园林绿化管理部门留存。

3.4.3 档案内容应当包括年度养护计划、养护作业记录、保护复壮记录，涉及周边建设的还应有保护避让相关资料。

3.5 死亡注销

古树名木死亡的，应当由区园林绿化管理部门组织行业内专家进行死亡原因调查，形成结论后上报市园林绿化管理部门申请注销。一级古树及名木由市绿化行政主管部门上报至省级主管部门注销。调查过程中发现有人为故意行为可能涉嫌违法的，应当立即移交综合行政执法部门处理。

4 养护技术

4.1 土壤改良与保护

4.1.1 土壤检测

古树名木应定期进行土壤检测，通常3-5年进行一次。当生长环境发生变化及生长势衰弱的古树名木应及时进行土壤检测。土壤检测的主控指标为酸碱度、含盐量、有机质含量、入渗（渗透）率、有害物质含量。土壤检测的取样送样、检测方法、合格标准按照中华人民共和国城镇建设行业标准《绿化种植土壤》CJ/T 340—2016执行。

4.1.2 土壤改良

当土壤检测结果不符合植物生长的要求，应进行土壤改良，土壤的改良修复按照中华人民共和国城镇建设行业标准《绿化种植土壤》CJ/T 340—2016执行。

4.1.3 施肥

施肥应当根据古树名木树种、树龄、生长势和土壤检测结果等条件而定。一般宜在冬季沟施、穴施充分腐熟的有机肥为主。施肥的位置应在古树名木树冠垂直投影的近外缘区域，每年轮换。

4.1.4 地被覆盖

古树名木保护范围内应谨慎选择地被植物，宜采用粉碎后经杀菌、杀虫处理的树皮、树枝等有机物覆盖，禁止种植地下根系发达的植物。

4.2 灌溉与排水

4.2.1 灌溉

土壤干旱时应当进行灌溉。夏季灌溉时间应在早晨或傍晚，不宜在中午温度较高时进行。

4.2.2 排水

排水应根据地势采用自然排水方式。当周边地形明显高于古树名木保护范围的，应当设置排水沟并使用水泵进行强排。

4.3 有害生物防治

4.3.1 检查

在病虫害高发期应加强检查，观察古树名木生长状况。发现叶片有缺刻、畸形、失绿、虫巢、煤污或白粉等；发现枝干有新孔洞、新枯枝、明显排泄物或明显附着物等；发现有恶性杂草、攀缘性杂草及附生、寄生植物。应做好检查时间、发生症状、发生程度等相关记录。

4.3.2 防治技术

4.3.2.1 人工防治

清除古树名木保护范围内的杂草及附生植物；去除悬挂或依附在古树名木上的虫茧、虫囊、虫巢、虫瘿、卵块以及病枝、病叶等；剪除并销毁孵化初期尚未分散危害的带幼虫枝叶；在钻蛀性害虫的卵、幼虫发生期，可及时消灭卵、钩除幼虫，羽化后人工捕捉。

4.3.2.2 物理防治

可利用害虫的趋色性、趋光性、趋化性，设置色板、灯光，利用性信息素、诱饵等进行诱杀。

4.3.2.3 生物防治

利用生态系统中各种生物之间相互依存、相互制约的生态学现象和某些生物学特性，释放益虫、有益菌，达到以虫治虫、以菌治虫。

4.3.2.4 化学防治

应掌握在病虫害防治适期，使用高效、低毒、低残留药剂，根据病虫害特性和药剂使用说明使用药剂。

4.4 防腐与树洞修补

4.4.1 防腐

古树名木的腐烂处应进行清腐处理，定期处理。采用适宜工具，清腐应完全，不伤及新鲜活体组织。清腐后裸露的活体组织应杀菌、杀虫，待干燥后还应涂防腐剂。

4.4.2 树洞导流

做好树洞内积水的导流。

4.4.3 树洞修补

雨水容易进入且难以导流的朝天洞应当在防腐后进行修补或加装防护罩。树洞修补一般不在树洞内部填充，仅做封闭的罩面，树洞较大时应用钢筋做支撑加固。罩面四周必须低于沿口树皮，中间略高，倾斜不积水。侧洞、落地洞一般不做修补。

4.5 修剪

4.5.1 基本原则

应当遵循有利于树木生长和复壮的原则，可以适当保留体现古树自然风貌的无危险枯枝，有安全隐患的树枝及时修剪。

4.5.2 作业要求

上树作业人员应当配备安全带、安全帽，地面作业的人员应当戴安全帽。疏枝应当保留枝条末端膨大的部分。直径较大枝修剪，应当先在确定锯口位置的下口锯过韧皮部，后在枝条上口锯断。直径大于50mm的截口应涂抹伤口愈合剂。保留的无安全隐患枯枝应当进行防腐处理。

4.6 加固

4.6.1 一般规定

树体明显倾斜、树洞影响树体牢固，或处于河岸、高坡风口、易遭风折或倒伏的树木应加固。树木加固应根据古树名木的形态和现场环境，因地制宜，应采用支撑、拉攀等形式。埋设加固基础不得伤根，加固设施与树体之间需加橡胶等软质垫层。

4.6.2 加固形式

树体较小低矮倾斜的树木宜采用置石或仿真树形式支撑。树体高大倾斜的树木应采用钢管或现浇内有钢筋的水泥柱支撑，结合钢丝绳拉攀加固。

4.6.3 维护管理

应定期检查，发现破损及时修复。及时调节支撑和树体的接触面，支撑物不得嵌入树体。

4.7 防雷设施

4.7.1 适用范围

处于人员密集的公共场所中孤立高耸、生长在水边或特别潮湿处、曾遭受过雷击的古树名木应当设立防雷设施。

4.7.2 技术措施

防雷设施的技术标准参照《建筑物防雷设计规范》GB 50057执行。

4.7.3 维护管理

应当指派雷电防护技术的专业管理人员管理。在每年雷雨季节来临之前应对防雷设施全面检查，发现问题及时修复。

5 防灾减灾

根据本地气象台灾害性天气预警信息启动相应防灾减灾措施。

5.1 大雨

暴雨来临前应检查排水设施。暴雨后进行时应安排人员巡查，发现有较大积水时应当采取临时性强排措施。

5.2 台风

在台风季节前应对所有古树名木做好临时性加固措施（已设置固定支撑的除外），支撑杆应当有明显的警示标志。

5.3 降雪

降雪来临前落实除雪人员，降雪进行时应组织人员及时除雪，雪后及时清理压断的枝叶。

参考文献

[1] 陈曦. 保护古树名木,合理规划利用——厦门市湖里区古树名木调查[J]. 福建热作科技, 2011, 36(2): 60-63.

[2] 杭州市园林文物局. 西湖风景园林(1949—1989)[M]. 上海:上海科学技术出版社, 1990.

[3] 计燕,陈玉哲,闫志军,等. 郑州市大树、古树综合复壮技术初探[J]. 河南林业科技, 2001, 21(4): 17-18, 21.

[4] 孙明巡. 上海主要古树树干腐烂状况检测研究[J]. 安徽农业科学, 2012, 40(17): 9367-9369, 9502.

[5] 李保祥,聂晨曦,桑景拴,等. 城市古树衰弱的原因与复壮措施[J]. 植物医生, 2011, 24(1): 22-23.

[6] 李卡玲,吴刘萍. 湛江市古树名木资源的信息特征及保护利用[J]. 广东园林, 2011, 23(2): 30-33.

[7] 李悦华,余伟,孙品雷,等. 杭州城市古树名木的现状和保护措施[J]. 华东森林经理, 2006, 20(3): 52-54.

[8] 李迎. 古樟树营养诊断与复壮技术研究[D]. 福州:福建农林大学硕士学位论文, 2008.

[9] 林忠荣. 洞头县古树资源概况及保护复壮意见[J]. 浙江林业科技, 2001, 21(1): 67-68, 79.

[10] 刘东明,王发国,陈红锋,等. 香港古树名木的调查及保护问题[J]. 生态环境, 2008, 17(4): 1560-1565.

[11] 刘际建,章明靖,柯和佳. 滨海—玉苍山古树名木资源及其开发利用与保护[J]. 防护林科技, 2002, 3: 50, 76.

[12] 刘青海,许正强,姚拓,等. 公园古树害虫调查及防治建议——以兰州市五泉山公园为例[J]. 草业科学, 2011, 28(4): 661-666.

[13] 刘晓燕. 广州古树名木白蚁的发生与防治[J]. 昆虫天敌, 1997, 19(4): 169-172.

[14] 刘秀琴. 兰州市古树名木调查及保护研究[D]. 兰州:兰州大学硕士学位论文, 2009.

[15] 柳庆生. 安徽省池州市贵池区古树名木健康现状调查[J]. 安徽农业科学, 2010, 38(22): 12065-12067.

[16] 陆安忠. 上海地区古树名木和古树后续资源现状及保护技术研究[D]. 杭州:浙江大学硕士学位论文, 2008.

[17] 吕浩荣,刘颂颂,叶永昌,等. 东莞市古树名木数量特征及分布格局[J]. 华南农业大学学报, 2008, 4: 65-69.

[18] 吕义坡. 泌阳县古树名木保存现状调查与保护方法探讨[D]. 郑州:河南农业大学农业推广硕士学位论文, 2010.

[19] 马景愉,刘海光. 避暑山庄古松衰弱死亡原因及保护措施[J]. 承德民族职业技术学院学报, 2002, 3: 63-64.

[20] 莫栋材,梁丽华. 广州古树名木养护复壮技术研究[J]. 广东园林, 1995, 4: 19-25.

[21] 欧应田,钟孟坚,黎华寿,等. 运用生态学原理指导城市古树名木保护——以东莞千年古秋枫保护为例[J]. 中国园林, 2008, 1: 71-74.

[22] 任茂文. 重庆市万州区古树名木特征及保护管理现状[J]. 现代农业科技, 2012, 19: 160, 170.

[23] 沈剑,吴达胜. 触发器技术在古树名木信息动态监管中的应用[J]. 安徽农业科学, 2012, 23: 11902-11903, 11907.

[24] 石炜.镇江市动态保护古银杏树的做法和体会[J].江苏林业科技,2000,27(增刊):101-103.

[25] 田广红,黄东,梁杰明,等.珠海市古树名木资源及其保护策略研究[J].中山大学学报(自然科学版),2003,增刊(2):203-209.

[26] 王明生,杨胜利.浙江省仙居县古树名木资源调查与保护[J].林业勘察设计,2008,2:230-232.

[27] 王徐政.南京市古树名木资源调查和复壮技术研究[D].南京:南京林业大学硕士学位论文,2007.

[28] 魏胜林,茅晓伟,肖湘东,等.沧浪亭古树树体现状和症状及保护技术措施研究[J].安徽农业科学,2011,39(19):11603-11605,11617.

[29] 魏胜林,茅晓伟,肖湘东,等.拙政园古树名木监测预警标准与保护措施研究[J].安徽农业科学,2010,38(16):8569-8572.

[30] 武小军,刘行波,范娟娟,等.城市古树名木管理信息系统的设计与实现[J].城市勘测,2010,增刊(1):46-48.

[31] 熊和平,于志熙,鲁涤非,等.延缓几种南方古树衰老的研究[J].武汉城市建设学院学报,1999,16(3):9-13.

[32] 徐德嘉.古树名木衰败原因调查分析(古树名木复壮研究系列报告之二)[J].苏州城建环保学院学报,1995,8(4):1-5.

[33] 徐德嘉,徐向阳,程爱兴,等.树体管理对古树复壮效果的研究(古树名木复壮技术研究系列报告之四)[J].苏州城建环保学院学报,1997,10(1):21-24.

[34] 许丽萍,邓莉兰.大理市古树名木资源及特点分析[J].林业调查规划,2010,35(1):108-110.

[35] 鄢然.长沙市古树名木资源分析与研究保护[D].长沙:中南林业科技大学硕士学位论文,2007.

[36] 杨淑贞,赵明水,程爱兴,等.天目山自然保护区古树资源调查初报[J].浙江林业科技,2001,21(1):57-59,77.

[37] 叶永昌,刘颂颂,黄炜棠,等.古树名木信息查询网站构建——以东莞市建成区为例[J].广东林业科技,2008,24(1):67-70.

[38] 殷丽琼,刘德和,王平盛,等.不同栽培管理措施对云南古茶树树势恢复的研究[J].西南农业学报,2010,23(2):359-362.

[39] 张国华.古树衰老状况及生理生化特性研究[D].北京:首都师范大学硕士学位论文,2009.

[40] 张庆峰.古树名木保护中存在的问题与对策[J].河北农业科学,2010,14(5):26-28.

[41] 张延兴,林严华,叶淑英,等.莱芜市古树名木评价及分级保护研究[J].山东农业科学,2008,4:76-79.

[42] 周海华,王双龙.我国古树名木资源法律保护探析[J].生态环境,2007,3:153-155.

[43] 段新芳,李玉栋,王平.无损检测技术在木材保护中的应用[J].木材工业,2002,16(5):14-16.

[44] 梁善庆.古树名木应力波断层成像诊断与评价技术研究[D].北京:中国林业科学研究院博士学位论文,2008.

[45] 蔡邦华,陈宁生.中国经济昆虫志第八册等翅目——白蚁[M].北京:科学出版社,1964.

[46] 李玉和,张丽丽.古树树洞修补技术的探讨[J].中国公园,2010,13(2):33-39.

[47] 陈锡连,王国英,陈赛萍,等.古树名木预防腐朽中空技术研究[J].华东森林经理,2003,17(2):28-29.

[48] 中国科学院中国植物志编辑委员会.中国植物志[M].北京:科学出版社,1993.

[49] 《杭州植物志》编纂委员会.杭州植物志[M].杭州:浙江大学出版社,2017.

[50] 章银柯,余金良,马骏驰,等.杭州西湖古树名木[M].北京:中国林业出版社,2020.